# MATHEMATICAL DESIGN OF WING SECTIONS

## SECOND EDITION

### IN RUSSIAN LANGUAGE

*Boris Dolomanov*

*Эту книгу посвящаю памяти*
*моих друзей*
*Валерия Л. Богданова*
*и*
*Бориса И. Илюшкина*

# Математическое проектирование профилей крыльев

## Второе издание

### *Борис Доломанов*

**To order additional copies of this book, contact:**
Xlibris LLC
1-888-795-4274
www.Xlibris.com
Orders@Xlibris.com
603816

# От автора

Уважаемый читатель!

Предлагаю продолжить изучение Математического моделирования профилей крыльев и ознакомится с новыми задачами, которые могут быть полезны для практического проектирования.

Автор благодарит докторов наук
*Александра Ш. Ачкинадзе* и *Виктора Г. Мишкевича,*
которые нашли время прочитать мои предыдущие работы и прислать ценные для меня замечания.

Выражаю также благодарность всем читателям, кто сообщит свои суждения по обсуждаемым вопросам.

Все отзывы прошу направлять E-mail: dolomanova@msn.com

Всего доброго.

*Борис Доломанов*

# Содержание

## Основные условные обозначения

$B$ – угловая точка хвостика профиля;

$O$ – максимально удаленная от $B$ точка в носике профиля;

$x0y$ – система координат, связанная с профилем, ось $0x$ проходит через точки $O$ и $B$, точка $O$ совпадает с началом координат;

$OB$ – хорда профиля, $|OB| = 1$;

$\Gamma_1, \Gamma_2$ – верхний и нижний контуры профиля, подлежащие математическому моделированию;

$M(x_M, y_M)$ – максимальная точка $\Gamma_1$ и ее координаты;

$m(x_m, y_m)$ – минимальная точка $\Gamma_2$ и ее координаты;

$r$ – радиус носика профиля, в точке $(0,0)$;

$\beta_1, \beta_2$ – углы наклона касательных, проведенные к $\Gamma_1$ и $\Gamma_2$ в точке $B$;

$l_k$ – линия на $\Gamma_1$ или $\Gamma_2$;

$D_n(l_k)$ – кривая степени $n$, моделирующая линию $l_k$;

$\gamma(x)$ – угол наклона касательной к профилю, проведенной в точке с абсциссой $x$;

$y(x)$ – функция ординат $D_n$- кривой;

$u(x)$ – функция, численные значения которой равны $\sin\gamma(x)$;

$k(x), g(x)$ – функции кривизны и изменения кривизны;

$D_p(l_i) \oplus D_q(l_j)$ – составная кривая, моделирующая соседние линии $l_i, l_j$;

$S(m)$ – точка сращивания $D_p(l_i)$ и $D_q(l_j)$ кривых;

$m$ – порядок сращивания;

$\Gamma_{upper}, \Gamma_{lower}$ – верхний и нижний контуры профиля – модели;

$Y_1(x, \Phi_1), U_1(x, \Phi_1), K_1(x, \Phi_1)$ – главные функции ординат, синусов углов и кривизн $\Gamma_{upper}$;

$Y_2(x, \Phi_2), U_2(x, \Phi_2), K_2(x, \Phi_2)$ – главные функции ординат, синусов углов и кривизн $\Gamma_{lower}$;

$\Phi_1, \Phi_2$ – неизвестные главных функций;

$l_c$ – линия изгиба профиля;

$\beta$ – угол наклона касательной, проведенной к $l_c$ в точке $B$;

$x_c = x_c(c)$, $y_c = y_c(c)$ – параметрическое уравнение линии изгиба;

$\rho_c(c)$ – распределение радиусов, вписанных в профиль окружностей, по длине профиля;

$R$ – максимальное значение $\rho_c$;

$h$ – изгиб профиля, – максимальное значение $y_c$;

$P(x_p, y_p)$ – точка нижнего контура профиля и ее координаты;

$C_s$ – вписанная в профиль окружность, для которой $S_1, S_2$ являются точками касания с профилем;

$\rho$ – радиус $C_s$;

$C_R$ – вписанная в профиль окружность максимального радиуса $R$;

$(\xi_{OR}, \eta_{OR})$ – координаты центра $C_R$;

$E_1, E_2$ – точки касания $C_R$ с профилем;

$\psi$ – угол между прямой $E_1 E_2$ и осью $0y$;

$L_1, L_2$ – длины $\Gamma_{upper}$ и $\Gamma_{lower}$;

$\omega$ – площадь профиля;

$(x_g, y_g)$ – координаты центра масс площади;

$\Omega(\Phi)$ – функция площади, $\Phi = \Phi_1 \bigcup \Phi_2$;

$\xi_g(\Phi), \eta_g(\Phi)$ – функции абсциссы и ординаты центра масс;

$\beta_{1opt}, \beta_{2opt}$ – оптимальные значения $\beta_1$ и $\beta_2$, доставляющие минимум $L_1$ и $L_2$;

$\psi_{opt}$ – оптимальное значение угла $\psi$, доставляющее  нимум $L_1 + L_2$;

$\chi(x, s)$ – функция Хевисайда.

# Введение

В опубликованных работах $[7],[8]$ создан Метод математического моделирования, который представляет профиль крыла составной интегральной кривой. Математическая модель зависит от нескольких геометрических параметров, а управление формой профиля достигается изменением значений параметров. Настоящая книга является продолжением работ этого направления. При написании книги автор счел целесообразным сохранить изложение созданной ранее теории, придав ей более совершенный вид, и повторить решения базовых задач A и B. Это позволяет при чтении книги не обращаться к упомянутым публикациям. Новые результаты исследований изложены в главах $3-5$.

В главе 3 изучены свойства профилей, генерация которых выполнена Методом математического моделирования.

В главе 4 решены задачи C и D. Постановка этих задач предусматривает вариацию профиля в зависимости от положения вписанной в профиль окружности максимального радиуса. При этом в задаче C выполняется требование минимизировать длину контура профиля.

В главе 5 решены важнейшие для проектирования задачи E, F и G. Задачи моделируют профили крыльев, если заданы площадь и координаты центра масс площади при равномерном распределении плотности. Эти задачи расширяют возможности Метода моделировать профили сложных форм.

Книга содержит Систематические расчеты, где построение чертежей и расчеты координат точек профилей выполнены с использованием программ C, E, F, G. Все программы написаны на языке MathCAD и прилагаются вслед за теоретическими решениями задач.

# Глава 1. Математическое моделирование линий $D$-кривыми.

## 1.1. Вариационные принципы $D$-кривых.

Изобразим в системе координат $x0y$ кривую, соединяющую точки $A(x_1, y_1)$ и $B(x_2, y_2)$. Эта кривая, как показано на рисунке 1, вместе с осью $0x$ и прямыми $x = x_1$ и $x = x_2$ ограничивает фигуру $x_1 A B x_2$, для которой

$$\omega = \int_{x_1}^{x_2} y\, dx\,, \quad I = \int_{x_1}^{x_2} (x - x_1) y\, dx\,, \quad J = \int_{x_1}^{x_2} (x - x_1)^2 y\, dx\,,$$

$\omega$ – площадь фигуры;

$I$ – статический момент площади относительно прямой $x = x_1$;

$J$ – момент инерции площади относительно прямой $x = x_1$.

Обозначим $\Phi_3 = \{x_1, y_1, x_2, y_2, \omega, I, J\}$, где величины, входящие в $\Phi_3$, считаем известными.

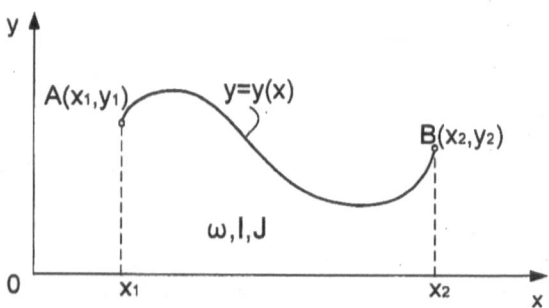

Рис.1. График функции, проходящей через точки $A$ и $B$, для которой заданы $x_1, y_1, x_2, y_2, \omega, I, J$.

*Задача* : Найти функцию $y = y(x)$, доставляющую минимум функционала

$$L_{AB} = \int_{x_1}^{x_2} \sqrt{1 + \left[ y'(x) \right]^2}\, dx, \qquad (1.1)$$

где $L_{AB}$ – длина кривой;

$y = y(x)$ – непрерывная, дифференцируемая, однозначная функция.

Эта задача относится к изопериметрическим задачам вариационного исчисления, обстоятельно рассмотренных в [4].

Не останавливаясь на решении задачи, запишем вид искомой функции

$$y(x) = y_1 + \int_{x_1}^{x} F(x)dx = y_1 + \int_{x_1}^{x} \frac{u(x)}{\sqrt{1 - u(x)^2}}\, dx, \quad x \in [x_1, x_2], \qquad (1.2)$$

где $\quad u(x) = a + b(x - x_1) + c(x - x_1)^2 + d(x - x_1)^3,\ n = 3,\ |u(x)| \le 1. \qquad (1.3)$

Коэффициенты $a, b, c, d$ связаны с $\Phi_3$ соотношениями:

$$\int_{x_1}^{x_2} F(x)dx = y_2 - y_1, \qquad (1.4)$$

$$\int_{x_1}^{x_2} (x - x_1)F(x)dx = (x_2 - x_1)y_2 - \omega, \qquad (1.5)$$

$$\int_{x_1}^{x_2} (x - x_1)^2 F(x)dx = (x_2 - x_1)^2 y_2 - 2 \cdot I, \qquad (1.6)$$

$$\int_{x_1}^{x_2} (x - x_1)^3 F(x)dx = (x_2 - x_1)^3 y_2 - 3 \cdot J. \qquad (1.7)$$

Формулы $(1.5) - (1.7)$ получены интегрированием по частям.

Сформулируем две задачи:

1. Решить систему уравнений $(1.4) - (1.7)$ для заданного $\Phi_3$ и найти коэффициенты $u(x)$, которые определяют функцию ординат $(1.2)$.

2. Задать $\Psi_3 = \{x_1, y_1, x_2, a, b, c, d\}$, определить функцию ординат $(1.2)$, а затем найти $y_2, \omega, I, J$ из соотношений $(1.4) - (1.7)$.

Нетрудно заметить, что между этими задачами существует однозначное соответствие

$$y = y(x, \Phi_3) <-> y = y(x, \Psi_3)$$

*D - кривые.*

1). $\Psi_0 = \{x_1, y_1, x_2, a\}$. Функция (1.2) получает вид:

$$y(x) = y_1 + \frac{a}{\sqrt{1-a^2}}(x - x_1),\ n = 0,\ |a| < 1,\ x \in X_0,$$

где $X_0$ – множество действительных чисел;

$n$ – степень функции $u(x)$.

$D$ - кривая – отрезок прямой на множестве $[x_1, x_2] \subset X_0$, соединяет точки $A$ и $B$, имея минимальную длину, $y_2 = y(x_2)$.

2). $\Psi_1 = \{x_1, y_1, x_2, a, b\}$. Вычисляя интеграл в (1.2), получим

$$y(x) = y_1 - \frac{1}{b}\left[\sqrt{1-u(x)^2} - \sqrt{1-a^2}\right],\ n = 1,\ x \in X_1.$$

$D$ - кривая – дуга окружности, определена на множестве $[x_1, x_2] \subset X_1$, $X_1$ ограничено неравенством $|u(x)| \le 1$. $D$ - кривая соединяет точки $A$ и $B$, ограничивает площадь $\omega$, имея минимальную длину. Значения $y_2$ и $\omega$ находятся из $(1.4) - (1.5)$.

3). $\Psi_2 = \{x_1, y_1, x_2, a, b, c\}$. На рисунке 2 построен график функции $y(x)$, $n = 2$. График состоит из главной части и двух спиралей (dash – линии). Нас будет интересовать главная часть. $D$ - кривая определена на множестве $[x_1, x_2] \subset X_2$, где $X_2$ ограничено неравенством $|u(x)| \le 1$. На графике выделена $D$ - кривая (утолщенная линия). $D$ - кривая соединяет точки $A$ и $B$, ограничивает фигуру $x_1 ABx_2$, имея минимальную длину. Значения $y_2, \omega, I$ этой фигуры находятся по формулам $(1.4) - (1.6)$.

4). $\Psi_3 = \{x_1, y_1, x_2, a, b, c, d\}$. На рисунке 3 построен график главной части функции $y = y(x)$, $n = 3$, где $X_3$ определено неравенством $|u(x)| \le 1$. Выделена $D$ - кривая, для которой $x \in [x_1, x_2]$. Эта кривая, соединяя точки $A$ и $B$, имеет минимальную длину. Значения $y_2, \omega, I, J$ фигуры $x_1 ABx_2$ находятся по формулам $(1.4) - (1.7)$.

*Замечание:* Для $n \ge 2$ выразить (1.2) в квадратурах не удается.

x1 = −2      y1 = 1      x2 = 1      a = 0.5      b = 0.333      c = −0.25

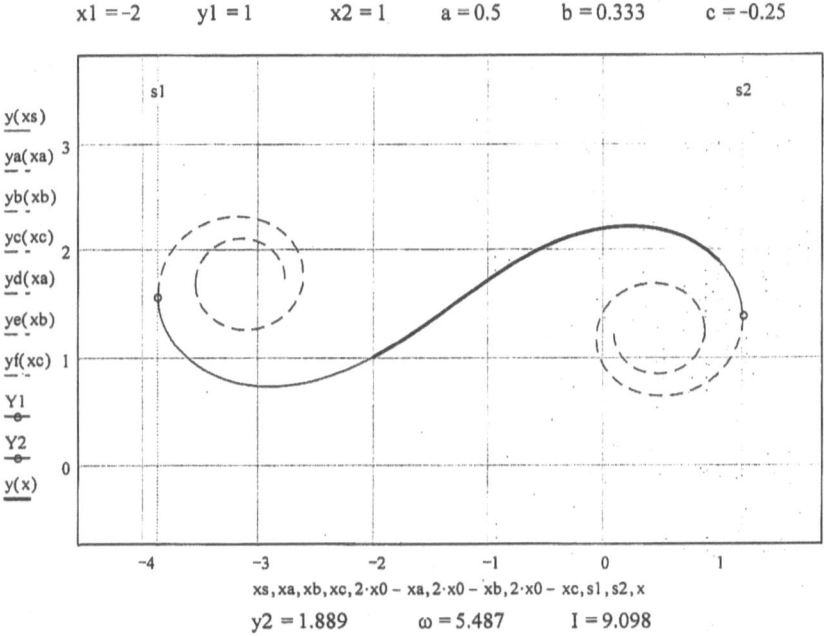

xs, xa, xb, xc, 2·x0 − xa, 2·x0 − xb, 2·x0 − xc, s1, s2, x

y2 = 1.889      ω = 5.487      I = 9.098

Рис.2. График функции $y = y(x)$, $n = 2$, и график $D$-кривой.

x1 = 0      y1 = 2      x2 = 1.82      a = 0.5      b = 0.3      c = −0.25      d = −0.2

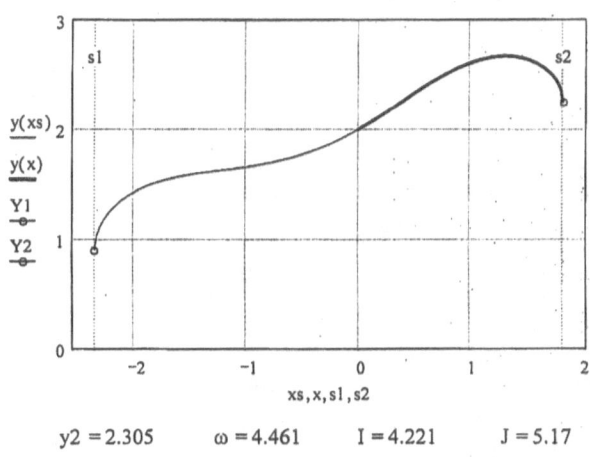

xs, x, s1, s2

y2 = 2.305      ω = 4.461      I = 4.221      J = 5.17

Рис.3. Главная часть графика функции $y = y(x)$, $n = 3$,
и график $D$-кривой.

**Определение 1:** Назовем "$D_n$- кривая" график функции $y = y(x)$, для кото-
которой задано $\Psi_n$, $x \in [x_1, x_2] \subset X_n$, а индекс указывает
на степень $u(x)$.

Далее $D_n$- кривые будем обозначать с индексом.

## 1.2. Свойства $D_n$- кривых.

Обратимся к функции (1.2), ее производная

$$y^l(x) = F(x) = \frac{u(x)}{\sqrt{1 - u(x)^2}}. \qquad (1.8)$$

1). Нетрудно видеть, что

$$u(x) = \sin \gamma(x), \qquad (1.9)$$

где $\gamma(x)$ – угол наклона касательной, проведенной к $D_n$- кривой в точке с абсциссой $x$.

2). Дифференцируя (1.8) и выполняя несложные преобразования, получим

$$k(x) = \frac{y^{ll}(x)}{\left\{1 + \left[y^l(x)\right]^2\right\}^{\frac{3}{2}}} = u^l(x), \qquad (1.10)$$

где $k = k(x)$ – функция кривизны.

3). Дифференцируем (1.10)

$$g(x) = k^l(x) = u^{ll}(x), \qquad (1.11)$$

где $g = g(x)$ – функция изменения кривизны.

4). Сформулируем правило знаков углов и кривизн $D_n$- кривой.

Угол считаем положительным, если его отсчет от оси $0x$ ведется про-
тив хода часовой стрелки; отрицательным, если – по ходу стрелки. Кривизна – положительна, если выпуклость кривой направлена вниз; отри-
цательна, если выпуклость – вверх.

На рисунке 4 в точках $A$ и $B$ указаны знаки углов и кривизн, здесь же от-
мечены экстремальная точка $M$, в которой $\gamma_M = 0$, и точка перегиба $P$,
в которой кривизна $k_P = 0$.

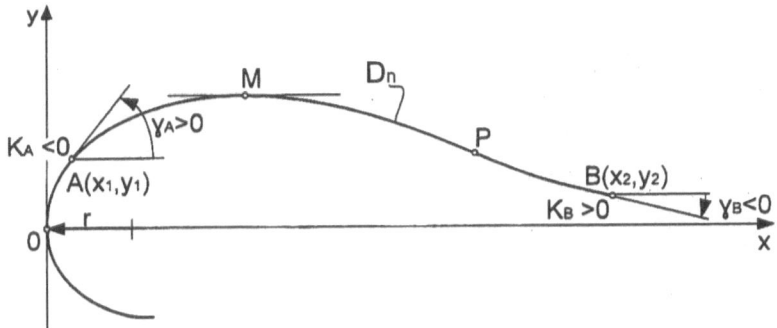

Рис.4. Знаки углов и кривизн $D_n$- кривой.

5). Если $x_1 = 0$ и угол $\gamma_0 = \dfrac{\pi}{2}$, то интеграл в (1.2) становится несобственным. Выделим $\varepsilon$ - окрестность справа от точки $x = 0$, тогда

$$\int\limits_0^x F(x)dx = \int\limits_0^\varepsilon F(x)dx + \int\limits_\varepsilon^x F(x)dx = I_\varepsilon + \int\limits_\varepsilon^x F(x)dx$$

Вычисляя первый интеграл, получим

$$I_\varepsilon = \sqrt{(2 \cdot r - \varepsilon) \cdot \varepsilon} \;, \tag{1.12}$$

где $c\varepsilon^2 + d\varepsilon^3 \ll 1$, $k_0 = -\dfrac{1}{r} < 0$, $r$ – радиус кривизны $D_n$ – кривой в точке $x = 0$; $\varepsilon$ – малая величина ($\varepsilon = 10^{-4}$). Раздел 9 программы "Body" содержит проверку приближенной формулы (1.12).

6). Если $x_1 = 0$ и угол $\gamma_0 = -\dfrac{\pi}{2}$, тогда

$$I_\varepsilon = -\sqrt{(2 \cdot r - \varepsilon) \cdot \varepsilon} \;, \text{где } k_0 = \dfrac{1}{r} > 0. \tag{1.13}$$

7). Пусть $D_n$ - кривая степени $n = 3$ пересекает ось $0x$ в точке $x = 0$, как показано на рисунке 2. Тогда для ее ветви, расположенной в верхней полуплоскости, функция

$$u_+(x) = 1 - \dfrac{x}{r} + c \cdot x^2 + d \cdot x^3,$$

а для ветви, расположенной в нижней полуплоскости

$$u_-(x) = -1 + \dfrac{x}{r} + c \cdot x^2 + d \cdot x^3.$$

Если $n = 2$, то в этих выражениях $d = 0$, если $n = 1$, то $c = d = 0$.

8). Длина $L_{AB}$ вычисляется по формуле:

$$L_{AB} = \int_{x_1}^{x_2} \sqrt{1 + \left[ y'(x) \right]^2}\, dx = \int_{x_1}^{x_2} \frac{1}{\sqrt{1 - u(x)^2}}\, dx. \qquad (1.14)$$

9). Если на $X_n$ задать абсциссу $x_0$, где $x_0 \leq x_1$, то $D_n$- кривая, являясь сегментом графика функции $y = y(x)$, может быть определена на области $[x_0, x_2]$. Это свойство отражено на рисунке 5, где для $D_3$-кривой обозначены точки с абсциссами $x_0, x_1, x_2$.

x0 = -2    x1 = 0.1    x2 = 1.7    y1 = 1.8    a = 0.5    b = 0.3    c = -0.25    d = -0.2

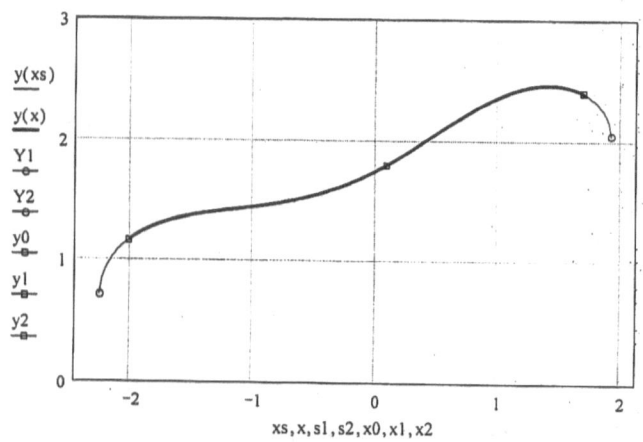

Рис.5. Определение $D_3$- кривой на облас и $[x_0, x_2]$.

10). Рассмотренные ранее $D_n$- кривые имели показатель степени $n \leq 3$. Если $n > 3$, то $\Psi_n = \{ x_0, x_1, x_2, y_1, a, b, c \dots j \}$, тогда

$$D_n : y(x) = y_1 + \int_{x_1}^{x} \frac{u(x)}{\sqrt{1 - u(x)^2}}\, dx, \ x \in [x_0, x_2],$$

где $u(x) = a + b \cdot (x - x_1) + c \cdot (x - x_1)^2 + \dots + j \cdot (x - x_1)^n$, $\ |u(x)| \leq 1$.

## 1.3. Математическое моделирование линий $D_n$ - кривыми.

Определимся с самого начала с терминологией.

Будем понимать под объектом моделирования некоторую линию $l$, а результатом моделирования $D_n$ - кривую.

***Определение 2:*** Математическая модель линии – это функция ординат $D_n(l)$ - кривой и сопровождающие граничные и интеральные условия, позволяющие найти коэффициенты функции–полинома $u(x)$.

***Определение 3:*** Математическое моделирование – это процесс построения математической модели.

Проиллюстрируем эти формулировки и теоретические выводы предыдущих параграфов, решив несложную задачу.

Изобразим на рисунке 6 линию $l$. Пусть для этой линии известны координаты точек $A$ и $B$, а также три характеристики, определяющие ее геометрию:

$x_M$ – абсцисса экстремальной точки $M$ ;

$x_N$ – абсцисса точки перегиба $N$ ;

$\omega$ – площадь, ограниченная линией $l$, осью $0x$ и прямыми $x = x_1$ и

$x = x_2$.

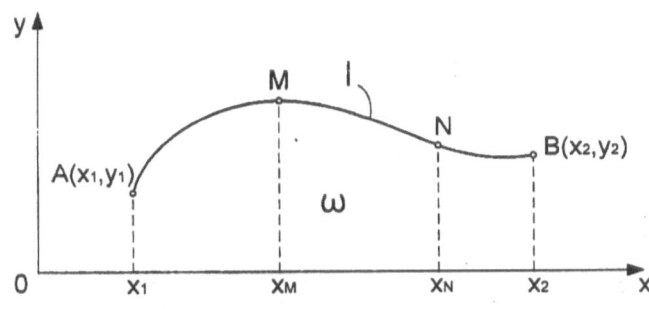

Рис.6. Объект моделирования – линия $l$.

Моделируем эту линию $D_3(l)$ - кривой, где степень $n$ равна числу перечисленных характеристик.

Запишем граничные и интегральное условия:

$$y(x_1) = y_1, \qquad u(x_M) = 0, \qquad (1.15)\ (1.16)$$

$$k(x_N) = 0, \qquad y(x_2) = y_2, \qquad\qquad (1.17)\ (1.18)$$

$$\omega = \int_{x_1}^{x_2} y(x)dx. \qquad\qquad (1.19)$$

Воспользовавшись условиями $(1.16) - (1.19)$, получим

$$\begin{cases} a + b \cdot (x_M - x_1) + c \cdot (x_M - x_1)^2 + d \cdot (x_M - x_1)^3 = 0, \\ b + 2 \cdot c \cdot (x_N - x_1) + 3 \cdot d \cdot (x_N - x_1)^2 = 0, \\ y(x_2, a, b, c, d) - y_2 = 0, \\ \int_{x_1}^{x_2} y(x, a, b, c, d)dx - \omega = 0. \end{cases} \qquad (1.20)$$

Систему (1.20) можно упростить, если выразить из первых двух уравнений $c$ и $d$ в зависимости от коэффициентов $a$ и $b$, тогда

$$\begin{cases} y(x_2, a, b) - y_2 = 0, \\ \int_{x_1}^{x_2} y(x, a, b)dx - \omega = 0, \end{cases} \qquad (1.21)$$

где $a = u(x_1) = \sin \gamma_1$, $\gamma_1 -$ угол наклона касательной к $D_3$- кривой в точке $x = x_1$;

$b = k(x_1) -$ кривизна $D_3$- кривой в той же точке.

Решая систему двух уравнений (1.21), находим коэффициенты $u(x)$. Графиком функции $y(x)$ является $D_3$- кривая, моделирующая линию $l$.

## 1.4. Математическое моделирование линий составными $D_n$-кривыми.

Если моделирование линии $l$ не может быть выполнено только одной $D_n$- кривой, в этом случае ее следует представить состоящей из нескольких частей.

Рассмотрим линию $l(AB)$, состоящую из $l_i$ и $l_j$, как показано на рисунке 7. Моделируем $l_i$ и $l_j$ кривыми $D_p(l_i)$ и $D_q(l_j)$, которые сращиваются в точке $S(m)$, где $m$- порядок сращивания. Геометрическую их сумму обозначим в виде $D_p(l_i) \oplus D_q(l_j)$ и назовем "составная" кривая. Под порядком сращивания $m$ понимаем условия, которым должны удовлетворять функции кривых $D_p(l_i)$ и $D_q(l_j)$ в точке $S(m)$. Эти условия указаны в Таблице 1.

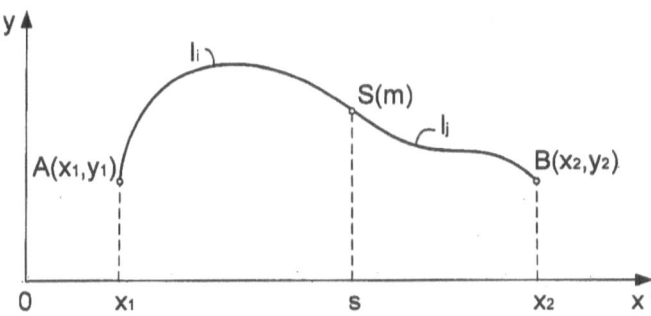

Рис.7. Линия $l$, состоящая из двух частей.

Таблица 1

| Порядок сращивания $m$ | Условия сращивания в точке $S$ |
|---|---|
| 0 | $y_i(s) = y_j(s)$ |
| 1 | $y_i(s) = y_j(s),\ u_i(s) = u_j(s)$ |
| 2 | $y_i(s) = y_j(s),\ u_i(s) = u_j(s),\ k_i(s) = k_j(s)$ |
| 3 | $y_i(s) = y_j(s),\ u_i(s) = u_j(s),\ k_i(s) = k_j(s),\ g_i(s) = g_j(s)$ |

Функция ординат составной кривой имеет вид:

$$Y(x) = \begin{vmatrix} y_1 + \int\limits_{x_1}^{x} \dfrac{u_i(x)}{\sqrt{1 - u_i(x)^2}}\, dx, x \in [x_1, s), \\[4mm] y_s + \int\limits_{s}^{x} \dfrac{u_j(x)}{\sqrt{1 - u_j(x)^2}}\, dx, x \in [s, x_2], \end{vmatrix} \qquad (1.22)$$

где $(s, y_s)$ – координаты точки сращивания $S$.

Две формулы:

1). Пусть $p = 3$, $q = 2$, $m = 3$, тогда

$$D_3(l_i): \quad u_i(x) = a_i + b_i \cdot (x - x_1) + c_i \cdot (x - x_1)^2 + d_i \cdot (x - x_1)^3,$$

$$k_i(x) = b_i + 2 \cdot c_i \cdot (x - x_1) + 3 \cdot d_i \cdot (x - x_1)^2,$$

$$g_i(x) = 2 \cdot c_i + 6 \cdot d_i \cdot (x - x_1).$$

$D_2(l_j):$
$$u_j(x) = a_j + b_j \cdot (x - s) + c_j \cdot (x - s)^2,$$
$$k_j(x) = b_j + 2 \cdot c_j \cdot (x - s), \quad g_j(x) = 2 \cdot c_j.$$

Воспользуемся условиями сращивания и преобразуем $u_j(x)$

$$u_j(x) = a_i + b_i \cdot (s - x_1) + c_i \cdot (s - x_1)^2 + d_i \cdot (s - x_1)^3 +$$
$$+ \left[ b_i + 2 \cdot c_i \cdot (s - x_1) + 3 \cdot d_i \cdot (s - x_1)^2 \right] \cdot (x - s) +$$
$$+ \left[ c_i + 3 \cdot d_i \cdot (s - x_1) \right] \cdot (x - s)^2 = u_i(x) - d_i \cdot (x - s)^3. \quad (1.23)$$

2). Пусть $p = 3,\ q = 3,\ m = 3$, тогда

$$D_3(l_j): u_j(x) = a_j + b_j \cdot (x - s) + c_j \cdot (x - s)^2 + d_j \cdot (x - s)^3,$$
$$k_j(x) = b_j + 2 \cdot c_j \cdot (x - s) + 3 \cdot d_j \cdot (x - s)^2,$$
$$g_j(x) = 2 \cdot c_j + 6 \cdot d_j \cdot (x - s).$$

Опуская преобразования, получим

$$u_j(x) = u_i(x) - d_{ij} \cdot (x - s)^3, \quad \text{где } d_{ij} = d_i - d_j. \quad (1.24)$$

Формулами (1.23), (1.24) мы воспользуемся при решении задач Математического моделирования профилей крыльев.

*Замечания:*

1). Порядок сращивания $m$ назначается, исходя из требований, предъявляемых к гладкости составной кривой в окрестности точки $S$.

2). Абсциссу точки $S$ целесообразно не задавать, а предоставить математике Метода найти ее значение. В этом случае исключается "зажатие" кривой $D_p(l_i)$ или $D_q(l_j)$.

Итак, математической моделью линии $l$, представленной двумя линиями $l_i$ и $l_j$, является функция ординат составной кривой $Y = Y(x)$ и сопровождающие граничные, интегральные условия, условия сращивания, позволяющие найти коэффициенты функций $u_i(x)$, $u_j(x)$ и абсциссу точки $S$, если она не задана.

Все сформулированные положения справедливы для линии $l$ моделируемой более чем двумя $D_n$- кривыми.

## 1.5. Математическое проектирование тела вращения.

*Задача.* Найти осевое сечение тела вращения единичной длины, имеющего цилиндрическую вставку, для которого заданы диаметр $d$ и площадь $\omega$.

В [7] решена аналогичная задача с той лишь разницей, что заданными являются $d$ и угол $\beta$.

Назовем $d$ и $\omega$ "параметрами объекта моделирования" или просто "параметрами". На первый взгляд может показаться, что задание только двух параметров недостаточно, но, как это будет показано, первое впечатление ошибочно.

Разобьем линию сечения на части $l_1, l_2, l_3$, как показано на рисунке 8, и образуем составную кривую $D_2(l_1) \oplus D_0(l_2) \oplus D_3(l_3)$. Точками сращивания являются $S_1(2)$ и $S_2(2)$.

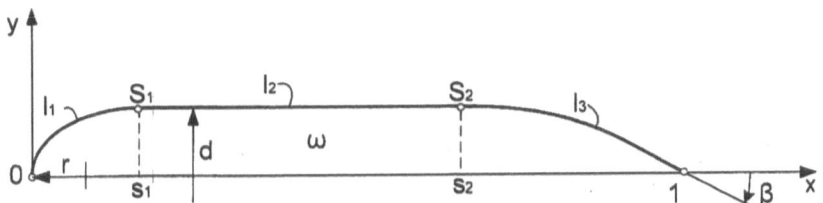

Рис.8. Осевое сечение тела вращения.

Запишем граничные условия и условия сращивания:

$$y_1(0) = 0, \quad u_1(0) = 1, \quad k_1(0) = -\frac{1}{r}, \qquad (1.25)\ (1.26)\ (1.27)$$

$$y_1(s_1) = y_2 = \frac{d}{2}, \quad u_1(s_1) = 0, \quad k_1(s_1) = 0, \quad (1.28)\ (1.29)\ (1.30)\ (1.31)$$

$$y_2 = y_3(s_2) = \frac{d}{2}, \quad u_3(s_2) = 0, \quad k_3(s_2) = 0, \quad (1.32)\ (1.33)\ (1.34)\ (1.35)$$

$$y_3(1) = 0, \quad u_3(1) = \sin\beta, \quad k_3(1) = 0, \qquad (1.36)\ (1.37)\ (1.38)$$

где неизвестными являются:

$r$ – радиус в точке 0;

$s_1, s_2$ – абсциссы точек $S_1$ и $S_2$;

$\beta$ – угол наклона касательной к линии сечения в точке $x = 1$.

Интегральное условие имеет вид:

$$\int_0^{s_1} y_1(x)dx + (s_2 - s_1) \cdot \frac{d}{2} + \int_{s_2}^1 y_3(x)dx - \omega = 0. \qquad (1.39)$$

Функции кривых

$$D_2(l_1): \quad y_1(x,r) = \sqrt{(2 \cdot r - \varepsilon) \cdot \varepsilon} + \int_\varepsilon^x \frac{u_1(x,r)}{\sqrt{1 - u_1(x,r)^2}} dx, \quad x \in [0, s_1],$$

$$u_1(x,r) = 1 - \frac{x}{r} + c_1 \cdot x^2, \quad k_1(x,r) = -\frac{1}{r} + 2 \cdot c_1 \cdot x,$$

где учтены условия $(1.25)-(1.27)$. Условия $(1.30)$ и $(1.31)$ позволяют получить

$$1 - \frac{s_1}{r} + c_1 \cdot s_1^2 = 0, \quad -\frac{1}{r} + 2 \cdot c_1 \cdot s_1 = 0.$$

Решая эти уравнения, находим $s_1 = 2 \cdot r$ и $c_1 = c_1(r) = \frac{1}{4 \cdot r^2}$, тогда

$$u_1(x,r) = \left(1 - \frac{x}{2 \cdot r}\right)^2.$$

Определим $r$, воспользовавшись $(1.28)$. Это условие дает уравнение

$$y_1(2 \cdot r, r) - \frac{d}{2} = 0.$$

Вычислим площадь $\omega_1$, ограниченную $D_2(l_1)$, осью $0x$ и прямой $x = s_1$

$$\omega_1 = \int_0^{s_1} y_1(x,r)dx.$$

Горизонтальный и хвостовой участки осевого сечения моделируем кривыми

$$D_0(l_2): \quad y_2 - \frac{d}{2} = 0, \quad x \in [s_1, s_2],$$

$$D_3(l_3): \quad y_3(x, s_2) = \frac{d}{2} + \int_{s_2}^x \frac{u_3(x, s_2)}{\sqrt{1 - u_3(x, s_2)^2}} dx, \quad x \in [s_2, 1],$$

$$u_3(x, s_2) = c_3(x - s_2)^2 + d_3(x - s_2)^3,$$

$$k_3(x, s_2) = 2 \cdot c_3(x - s_2) + 3 \cdot d_3(x - s_2)^2,$$

где учтены условия $(1.33)-(1.35)$. Воспользовавшись $(1.37)$ и $(1.38)$,

получим
$$c_3(1-s_2)^2 + d_3(1-s_2)^3 = \sin\beta, \quad 2\cdot c_3(1-s_2) + 3\cdot d_3(1-s_2)^2 = 0.$$
Решая эти уравнения, находим формулы для коэффициентов функции $u_3(x, s_2)$

$$c_3 = c_3(s_2, \beta) = 3\cdot f(s_2, \beta), \quad d_3 = d_3(s_2, \beta) = -\frac{2}{1-s_2} f(s_2, \beta),$$

$$f(s_2, \beta) = \frac{\sin\beta}{(1-s_2)^2},$$

тогда
$$y_3(x) = y_3(x, s_2, \beta), \quad u_3(x) = u_3(x, s_2, \beta).$$

Условия (1.36), (1,39) дают уравнения для определения абсциссы $s_2$ и угла $\beta$

$$\begin{cases} y_3(1, s_2, \beta) = 0, \\ \omega_1 + (s_2 - s_1)\cdot\dfrac{d}{2} + \displaystyle\int_{s_2}^{1} y_3(x, s_2, \beta)dx - \omega = 0. \end{cases}$$

Все неизвестные определены. Запишем функции составной кривой

$$Y(x) = \begin{vmatrix} y_1(x, r), x \in [0, s_1), \\ \dfrac{d}{2}, x \in [s_1, s_2), \\ y_3(x, s_2, \beta), x \in [s_2, 1]. \end{vmatrix} \qquad U(x) = \begin{vmatrix} u_1(x, r), x \in [0, s_1), \\ 0, x \in [s_1, s_2), \\ u_3(x, s_2, \beta), x \in [s_2, 1]. \end{vmatrix}$$

$$K(x) = \frac{d}{dx} U(x).$$

Функции $Y(x), U(x), K(x)$ в дальнейшем будем называть "главные функции".

В этом параграфе приведена программа "Body", с помощью которой рассчитано сечение тела вращения, имеющего диаметр $d = 0.14$ и площадь $\omega = 0.066$. Здесь также рассчитаны координаты точек сечения, значения радиуса $r$, угла $\beta$ и абсцисс $s_1, s_2$.

*Замечания:*

1. Если предложить эту задачу проектировщику, он без труда построит сечение близкое к тому, что изображено на рисунке 8. Однако, на вопрос: "Как расположить точки $S_1$ и $S_2$?". Вряд ли даст обоснованный ответ.

2. Если принять, что $l_1$ – дуга окружности (носовая часть тела вращения – полусфера), то в точке $S_1$ кривизна имеет разрыв, что вызывет при

движении тела скачок центростремительных ускорений частиц жидкости или газа в окрестности точки $S_1$. Это нежелательное явление приводит к преждевременной турбулезации течения в пограничном слое и увеличению сопротивления.

## PROGRAM "Body"

**1. Parameters:**                     $d := 0.15$      $\omega := 0.066$

**2. D2(L1)**     $u1(x,r) := \left(1 - \dfrac{x}{2 \cdot r}\right)^2$     $\varepsilon := 10^{-4}$     $y1(x,r) := \sqrt{(2 \cdot r - \varepsilon) \cdot \varepsilon} + \displaystyle\int_{\varepsilon}^{x} \dfrac{u1(x,r)}{\sqrt{1 - u1(x,r)^2}}\, dx$

$r := 0.06$     $r := \text{root}\left(y1(2 \cdot r, r) - \dfrac{d}{2}, r\right)$    $r = 0.06254$    $s1 := 2 \cdot r$    $\omega 1 := \displaystyle\int_{0}^{s1} y1(x,r)\, dx$

**3. D0(L2)**                          $y2 := \dfrac{d}{2}$

**4. D3(L3)**        $f(s2,\beta) := \dfrac{\sin(\beta)}{(1 - s2)^2}$     $c3(s2,\beta) := 3 \cdot f(s2,\beta)$     $d3(s2,\beta) := -\dfrac{2}{1 - s2} \cdot f(s2,\beta)$

$u3(x,s2,\beta) := c3(s2,\beta) \cdot (x - s2)^2 + d3(s2,\beta) \cdot (x - s2)^3$

$y3(x,s2,\beta) := \dfrac{d}{2} + \displaystyle\int_{s2}^{x} \dfrac{u3(x,s2,\beta)}{\sqrt{1 - u3(x,s2,\beta)^2}}\, dx$

**Area**              $\omega s(s2,\beta) := \omega 1 + (s2 - s1) \cdot \dfrac{d}{2} + \displaystyle\int_{s2}^{1} y3(x,s2,\beta)\, dx$

**5. Solution to Equations**                 $s2 := 0.6$    $\beta := -0.4$

Given    $y3(1,s2,\beta)=0$    $\omega s(s2,\beta) - \omega = 0$    $\begin{pmatrix} s2 \\ \beta \end{pmatrix} := \text{Find}(s2,\beta)$    $s2 = 0.662$     $\beta = -0.432$

**6. Main Function**        $y(x) := \begin{vmatrix} y1(x,r) & \text{if } 0 \le x < s1 \\ y2 & \text{if } s1 \le x \le s2 \\ y3(x,s2,\beta) & \text{if } s2 < x < 1 \\ 0 & \text{if } x = 1 \end{vmatrix}$         $Y(x) := \begin{vmatrix} 0 & \text{if } y(x) < 10^{-5} \\ y(x) & \text{otherwise} \end{vmatrix}$

$x := 0, 0.001 .. 1$

**7, Draft**

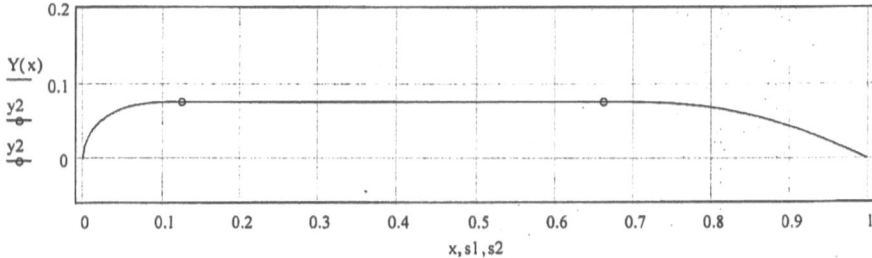

## 8. Coordinates of Points

$x := 0, \dfrac{s1}{10} .. s1$

| x | Y(x) |
|---|---|
| 0 | 0 |
| 0.0125 | 0.0379 |
| 0.025 | 0.0513 |
| 0.0375 | 0.0598 |
| 0.05 | 0.0657 |
| 0.0625 | 0.0697 |
| 0.0751 | 0.0723 |
| 0.0876 | 0.0738 |
| 0.1001 | 0.0746 |
| 0.1126 | 0.0749 |
| 0.1251 | 0.075 |

$x := s2, s2 + \dfrac{1 - s2}{10} .. 1$

| x | Y(x) |
|---|---|
| 0.6622 | 0.075 |
| 0.696 | 0.0749 |
| 0.7298 | 0.074 |
| 0.7636 | 0.0717 |
| 0.7973 | 0.0677 |
| 0.8311 | 0.0616 |
| 0.8649 | 0.0532 |
| 0.8987 | 0.0426 |
| 0.9324 | 0.0298 |
| 0.9662 | 0.0154 |
| 1. | 0 |

## 9. Proof of formula

$\varepsilon := 10^{-4}$      $\sqrt{(2 \cdot r - \varepsilon) \cdot \varepsilon} = 0.0035353$

$$\int_0^{\varepsilon} \frac{u1(x,r)}{\sqrt{1 - u1(x,r)^2}}\, dx = 0.0035355$$

## Глава 2. Математическое моделирование профилей крыльев, серия А-В.

К серии А-В относятся профили, вариация формы которых выполняется либо за счет изменения координат экстремальных точек, Задача А, либо за счет изменения координат экстремальных точек и углов в хвостике профиля, Задача В. Считаем, что радиус в носике профиля этой и последующих серий задан.

## 2.1. Задача А. Профили, для которых заданы параметры:
$$r, x_M, y_M, x_m, y_m.$$

### 2.1.1. Постановка и решение задачи А.

Рассмотрим обстоятельно решение задачи А. Постараемся осмыслить все этапы на пути от постановки задачи до последней формулы в ее решении.

Постановка задачи включает описание схемы моделирования и граничные условия.

Изобразим эскиз профиля крыла и свяжем с этим профилем систему координат $x0y$ так, чтобы ось $0x$ проходила через точку $B$ хвостика профиля и максимально удаленную от нее точку $O$ в носике профиля. Ось $0y$ направлена вверх перпендикулярно оси $0x$. Будем считать, что длина хорды – расстояние $OB$ равно единице. Ось $0x$ разделяет профиль на верхнюю $\Gamma_1$ и нижнюю $\Gamma_2$ ветви. Обозначим на $\Gamma_1$ и $\Gamma_2$ экстремальные точки $M(x_M, y_M)$ и $m(x_m, y_m)$. Параметрами профиля являются $r$ – радиус в точке $O$ и координаты точек $M$ и $m$.

## Схема моделирования A

1. Эскиз профиля крыла.

Заданы параметры: $r, x_M, y_M, x_m, y_m$

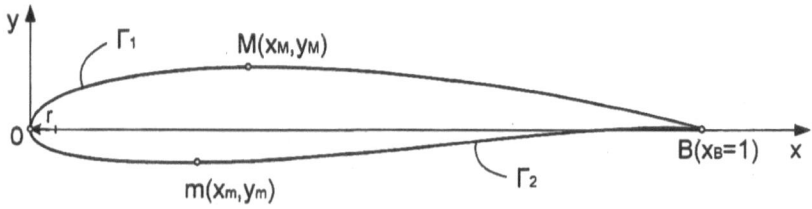

Линии профиля и точки сращивания

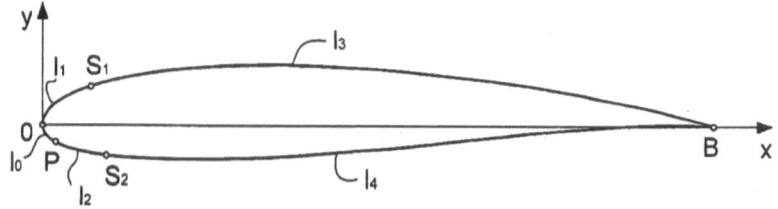

2. Моделирование профиля крыла.

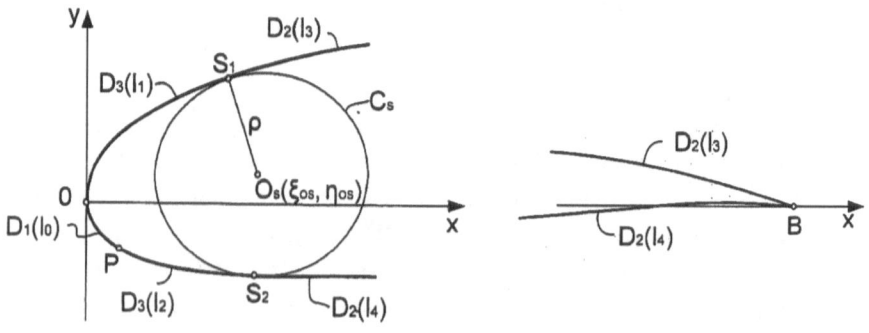

Составные кривые:

Верхний контур $\Gamma_{upper} : D_3(l_1) \oplus D_2(l_3)$;

Нижний контур $\Gamma_{lower} : D_1(l_0) \oplus D_3(l_2) \oplus D_2(l_4)$.

Порядок сращивания кривых в точках:

$$O(2), P(2), S_1(3), S_2(3), B(0)$$

Разобъем $\Gamma_1$ на две линии $l_1$ и $l_3$, а $\Gamma_2$ представим состоящим из трех линий $l_0$, $l_2$, $l_4$, как показано на Схеме моделирования А. Граничными точками перечисленных линий являются: $O, P, S_1, S_2$ и $B$. Расположение точек $P, S_1, S_2$ на профиле неизвестно. Моделируем $\Gamma_1$ и $\Gamma_2$ составными кривыми

$$D_3(l_1) \oplus D_2(l_3) \quad \text{и} \quad D_1(l_0) \oplus D_3(l_2) \oplus D_2(l_4),$$

для которых точками сращивания являются $S_1$ и $P, S_2$. Составные кривые образуют верхний и нижний контуры профиля, которые обозначим $\Gamma_{upper}$ и $\Gamma_{lower}$. Эти кривые в свою очередь сращиваются в точках $O$ и $B$, моделируя профиль крыла. Укажем для каждой точки порядок сращивания:

$$O(2), P(2), S_1(3), S_2(3), B(0).$$

Все перечисленные положения отражены на Схеме моделирования А.

Задача А решена, если определены главные функции $\Gamma_{upper}$ и $\Gamma_{lower}$ профиля.

Граничные условия.
Верхний контур:

$$y_1(0) = 0, \quad u_1(0) = 1, \quad k_1(0) = -\frac{1}{r}, \qquad \text{(A.1) (A.2) (A.3)}$$

$$y_1(s_1) = y_3(s_1), \qquad u_1(s_1) = u_3(s_1), \qquad \text{(A.4) (A.5)}$$

$$k_1(s_1) = k_3(s_1), \quad \cdot g_1(s_1) = g_3(s_1), \qquad \text{(A.6) (A.7)}$$

$$y_3(x_M) = y_M, \qquad u_3(x_M) = 0, \qquad \text{(A.8) (A.9)}$$

$$y_3(1) = 0, \qquad \text{(A.10)}$$

$s_1$ – абсцисса точки $S_1$.

Нижний контур:

$$y_0(0) = 0, \quad u_0(0) = -1, \quad k_0(0) = \frac{1}{r}, \qquad \text{(A.11) (A.12) (A.13)}$$

$$y_0(x_p) = y_2(x_p), \qquad u_0(x_p) = u_2(x_p), \qquad \text{(A.14) (A.15)}$$

$$\frac{1}{r} = k_2(x_p), \qquad \text{(A.16)}$$

$$y_2(s_2) = y_4(s_2), \qquad u_2(s_2) = u_4(s_2), \qquad \text{(A.17) (A.18)}$$

$$k_2(s_2) = k_4(s_2), \qquad g_2(s_2) = g_4(s_2), \qquad \text{(A.19) (A.20)}$$

$$y_4(x_m) = y_m, \qquad u_4(x_m) = 0, \qquad \text{(A.21) (A.22)}$$

$$y_4(1) = 0, \qquad \text{(A.23)}$$

$x_p$, $s_2$ – абсциссы точек $P, S_2$.

Решение задачи.

Функции кривых верхнего контура:

$$D_3(l_1): \quad y_1(x) = \sqrt{(2 \cdot r - \varepsilon) \cdot \varepsilon} + \int_\varepsilon^x \frac{u_1(x)}{\sqrt{1 - u_1(x)^2}}\, dx, \quad x \in [0, s_1], \quad (A.24)$$

$$u_1(x) = 1 - \frac{x}{r} + c_1 x^2 + d_1 x^3, \qquad k_1(x) = -\frac{1}{r} + 2 \cdot c_1 x + 3 \cdot d_1 x^2,$$

$$g_1(x) = 2 \cdot c_1 + 6 \cdot d_1 x^2,$$

где учтены условия (A.1) – (A.3).

$$D_2(l_3): \quad y_3(x) = y_1(s_1) + \int_{s_1}^x \frac{u_3(x)}{\sqrt{1 - u_3(x)^2}}\, dx, \quad x \in [s_1, 1], \qquad (A.25)$$

$$u_3(x) = a_3 + b_3(x - s_1) + c_3(x - s_1)^2,$$

$$k_3(x) = b_3 + 2 \cdot c_3(x - s_1), \quad g_3 = 2 \cdot c_3.$$

Для функции ординат учтено условие (A.4). Преобразуем $u_3(x)$, воспользовавшись (A.5) – (A.7) и формулой (1.23), где индексы линий $i = 1$, $j = 3$.

$$u_3(x) = u_1(x) - d_1(x - s_1)^3.$$

Введем дополнительное условие

$$u_3(1) = \sin \beta_1, \qquad (A.26)$$

$\beta_1$ – угол наклона касательной, проведенной к *Гиппер* в точке $B$.

Условия (A.9) и (A.26) позволяют записать

$$\begin{cases} 1 - \dfrac{x_M}{r} + c_1 x_M{}^2 + d_1 \left[ x_M{}^3 - (x_M - s_1)^3 \right] = 0, \\[2mm] 1 - \dfrac{1}{r} + c_1 + d_1 \left[ 1 - (1 - s_1)^3 \right] = \sin \beta_1. \end{cases}$$

Решая эту систему уравнений, находим

$$d_1 = d_1(\Phi_1) = \frac{A_1 - B_1(\beta_1) \cdot x_M{}^2}{\mu_1(s_1) - \nu_1(s_1) \cdot x_M{}^2},$$

$$c_1 = c_1(\Phi_1) = B_1(\beta_1) - d_1(\Phi_1) \cdot \nu_1(s_1),$$

где

$$A_1 = -1 + \frac{x_M}{r}, \quad B_1(\beta_1) = -1 + \frac{1}{r} + \sin \beta_1,$$

$$\mu_1(s_1) = x_M{}^3 - (x_M - s_1)^3, \quad \nu_1(s_1) = 1 - (1 - s_1)^3, \quad \Phi_1 = \{s_1, \beta_1\}.$$

Неизвестными являются $s_1$ и $\beta_1$.

Функции кривых нижнего контура.

$$D_1(l_0) : y_0(x) = -\sqrt{r^2 - (r-x)^2}, \quad u_0(x) = -1 + \frac{x}{r}, \quad k_0 = \frac{1}{r}, \quad x \in \left[ 0, x_p \right] \quad (A.27)$$

Дуга окружности $D_1(l_0)$ имеет центр в точке $(r,0)$. Для этой кривой выполнены условия (A.11) – (A.13).

$$D_3(l_2) : \quad y_2(x) = y_0(x_p) + \int_{x_p}^{x} \frac{u_2(x)}{\sqrt{1 - u_2(x)^2}} dx, \quad x \in \left[ x_p, s_2 \right], \quad (A.28)$$

$$u_2(x) = -1 + \frac{x}{r} + c_2(x - x_p)^2 + d_2(x - x_p)^3,$$

$$k_2(x) = \frac{1}{r} + 2 \cdot c_2(x - x_p) + 3 \cdot d_2(x - x_p)^2, \quad g_2(x) = 2 \cdot c_2 + 6 \cdot d_2(x - x_p).$$

Функции кривой $D_3(l_2)$ записаны с учетом условий (A.14) – (A.16).

$$D_2(l_4) : \quad y_4(x) = y_2(s_2) + \int_{s_2}^{x} \frac{u_4(x)}{\sqrt{1 - u_4(x)^2}} dx, \quad x \in \left[ s_2, 1 \right], \quad (A.29)$$

$$u_4(x) = a_4 + b_4(x - s_2) + c_4(x - s_2)^2,$$

$$k_4(x) = b_4 + 2 \cdot c_4(x - s_2), \quad g_4 = 2 \cdot c_4.$$

Для функции $y_4(x)$ учтено (A.17). Преобразуем $u_4(x)$, воспользовавшись (A.18) – (A.20) и формулой (1.23), где индексы линий $i = 2, j = 4$.

$$u_4(x) = u_2(x) - d_2(x - s_2)^3.$$

Введем дополнительное условие

$$u_4(1) = \sin \beta_2, \quad (A.30)$$

$\beta_2$ – угол наклона касательной, проведенной к $\Gamma_{lower}$ в точке $B$.
Условия (A.22) и (A.30) позволяют записать

$$\begin{cases} -1 + \dfrac{x_m}{r} + c_2(x_m - x_p)^2 + d_2\left[ (x_m - x_p)^3 - (x_m - s_2)^3 \right] = 0, \\[2mm] -1 + \dfrac{1}{r} + c_2(1 - x_p)^2 + d_2\left[ (1 - x_p)^3 - (1 - s_2)^3 \right] = \sin \beta_2. \end{cases}$$

Решая эту систему уравнений, получим формулы

$$d_2 = d_2(\Phi_2) = \frac{A_2 - B_2(\beta_2) \cdot \lambda(x_p)}{\mu_2(x_p, s_2) - \nu_2(x_p, s_2) \cdot \lambda(x_p)},$$

$$c_2 = c_2(\Phi_2) = \frac{1}{(1-x_p)^2} \cdot \left[ B_2(\beta_2) - d_2(\Phi_2) \cdot v_2(x_p, s_2) \right],$$

где $\quad A_2 = 1 - \dfrac{x_m}{r}, \quad B_2(\beta_2) = 1 - \dfrac{1}{r} + \sin\beta_2, \quad \lambda_2(x_p) = \left( \dfrac{x_m - x_p}{1 - x_p} \right)^2$

$$\mu_2(x_p, s_2) = (x_m - x_p)^3 - (x_m - s_2)^3, \quad v_2(x_p, s_2) = (1 - x_p)^3 - (1 - s_2)^3,$$

$$\Phi_2 = \left\{ x_p, s_2, \beta_2 \right\}.$$

Неизвестными являются $x_p, s_2$ и $\beta_2$.

Система уравнений задачи.

1). Условия (А.8), (А.10) и (А.21), (А.23) позволяют записать четыре уравнения

$$
\begin{cases}
y_3(x_M, \Phi_1) - y_M = 0, \\
y_3(1, \Phi_1) = 0, \\
y_4(x_m, \Phi_2) - y_m = 0, \\
y_4(1, \Phi_2) = 0,
\end{cases}
\qquad \text{(А.31)}
$$

Необходимо пятое уравнение.

Впишем в профиль окружность $C_s$, как показано на схеме моделирования А. Радиус окружности обозначим $\rho$, а координаты ее центра $(\xi_{0s}, \eta_{0s})$.

*Гипотеза:* Точки $S_1$ и $S_2$ являются точками касания профиля и окружности $C_s$.

Следствием гипотезы является уравнение:

$$H(\Phi) = s_2 - s_1 + \frac{u_2(s_2, \Phi_2) + u_1(s_1, \Phi_1)}{\sqrt{1 - u_2(s_2, \Phi_2)^2} + \sqrt{1 - u_1(s_1, \Phi_1)^2}} \left[ y_2(s_2, \Phi_2) - y_1(s_1, \Phi_1) \right],$$

$$H(\Phi) = 0, \qquad \text{(А.32)}$$

$$\Phi = \left\{ x_p, s_1, s_2, \beta_1, \beta_2 \right\},$$

которое мы получим в Главе 3.

Решая совместно уравнения (А.31) и (А.32), находим неизвестные: $x_p, s_1, s_2, \beta_1, \beta_2$.

2). Рассмотрим видоизмененное решение системы уравнений.

Будем считать, что $s_1, \beta_1$ не зависят от неизвестных $x_p, s_2, \beta_2$, тогда возможно разделение уравнений

$$\begin{cases} y_3(x_M,\Phi_1) - y_M = 0, \\ y_3(1,\Phi_1) = 0, \end{cases} \qquad \begin{cases} y_4(x_m,\Phi_2) - y_m = 0, \\ y_4(1,\Phi_2) = 0, \\ H(\Phi_2) = 0. \end{cases} \qquad \text{(A.34) (A.35)}$$

Определив $s_1, \beta_1$ из (A.34) и вычислив

$$us_1 = u_1(s_1,\Phi_1), \quad ys_1 = y_1(s_1,\Phi_1),$$

левая часть третьего уравнения в (A.35) получит вид:

$$H(\Phi_2) = s_2 - s_1 + + \frac{u_2(s_2,\Phi_2) + us_1}{\sqrt{1 - u_2(s_2,\Phi_2)^2} + \sqrt{1 - us_1{}^2}}\left[y_2(s_2,\Phi_2) - ys_1\right].$$

Решая уравнения (A.35), находим $x_p, s_2, \beta_2$.

*Замечание.* Правомерность разделения уравнений должна быть проверена численно.

Главные функции профиля крыла.
Верхний контур:

$$Y_1(x) = \begin{vmatrix} y_1(x,\Phi_1), x \in [0,s_1), \\ y_3(x,\Phi_1), x \in [s_1,1], \end{vmatrix}$$

$$U_1(x) = u_1(x,\Phi_1) - d_1(\Phi_1)(x-s_1)^3\chi_1(x,s_1), x \in [0,1],$$

$$K_1(x) = k_1(x,\Phi_1) - 3\cdot d_1(\Phi_1)(x-s_1)^2\chi_1(x,s_1), x \in [0,1].$$

Нижний контур:

$$Y_2(x) = \begin{vmatrix} y_0(x), x \in [0,x_p), \\ y_2(x,\Phi_2), x \in [x_p,s_2), \\ y_4(x,\Phi_2), x \in [s_2,1], \end{vmatrix}$$

$$U_2(x) = \begin{vmatrix} u_0(x), x \in [0,x_p), \\ u_2(x,\Phi_2) - d_2(\Phi_2)(x-s_2)^3\chi_2(x,s_2), x \in [x_p,1], \end{vmatrix}$$

$$K_2(x) = \begin{vmatrix} k_0, x \in [0,x_p), \\ k_2(x,\Phi_2) - 3\cdot d_2(\Phi_2)(x-s_2)^2\chi_2(x,s_2), x \in [x_p,1], \end{vmatrix}$$

где $\chi_1(x,s_1)$ и $\chi_2(x,s_2)$ - функции Хевисайда.

Задача A предусматривает задание параметров $r, x_M, y_M, x_m, y_m$. В процессе ее решения находятся $x_p, s_1, s_2, \beta_1, \beta_2$.

В приведенных выше формулах введены обозначения

$$\Phi_1 = \{s_1, \beta_1\}, \quad \Phi_2 = \{x_p, s_2, \beta_2\}, \quad \Phi = \{x_p, s_1, s_2, \beta_1, \beta_2\} \qquad (A.36)$$

$\Phi_1$ и $\Phi_2$ содержат неизвестные функций $\Gamma_{upper}$ и $\Gamma_{lower}$, а $\Phi$ – объединение этих неизвестных.

При решении всех последующих задач будем пользоваться обозначениями аналогичными (A.36).

## 2.1.2. Программа А.

Программа А содержит 12 разделов.

Раздел                 Содержание

1     Ввод параметров: $r, x_M, y_M, x_m, y_m$.

2     Запись формул коэффициентов $c_1(s_1, \beta_1)$, $d_1(s_1, \beta_1)$ и функций кривых $D_3(l_1), D_2(l_3)$.

3     Запись формул коэффициентов $c_2(x_p, s_2, \beta_2), d_2(x_p, s_2, \beta_2)$ и функций кривых $D_1(l_0), D_3(l_2), D_2(l_4)$.

4     В этом разделе находятся неизвестные $x_p, s_1, s_2, \beta_1, \beta_2$. Для этого за ключевым словом $Given$ записывается пять уравнений. Неизвестные находятся методом последовательных приближений, который реализуется функцией $Find(x_p, s_1, s_2, \beta_1, \beta_2)$. Метод требует задание начальных значений неизвестных. В программе А приняты следующие их значения: $x_p = \varepsilon$, $s_1 = r$, $s_2 = r$, $\beta_1 = 0$, $\beta_2 = 0$.

5     Раздельное определение неизвестных выполнено функциями
$$Find(s_1, \beta_1) \text{ и } Find(x_p, s_2, \beta_2),$$
а начальные их значения приняты, как указано в п.4.

6     Запись главных функций $\Gamma_{upper}$ и $\Gamma_{lower}$.

7     Расчет окружности $C_s$.

8     Расчет линии изгиба профиля.

9     Чертеж профиля крыла.

10     Графики главных функций $U_1(x), U_2(x)$ и $K_1(x), K_2(x)$, где график

$K_2(x)$ имеет горизонтальный участок соответствующий дуге окружности радиуса $r$.

11  Чертеж носовой части профиля, здесь построена окружность $C_s$ и показаны точки $O, P, S_1, S_2$.

12  Таблицы координат точек $\Gamma_{upper}$, $\Gamma_{lower}$ и линии изгиба.

Отметим, значения неизвестных $x_p, s_1, s_2, \beta_1, \beta_2$, рассчитанные в разделах 4 и 5 программы, совпадают. Это свидетельствует о целесообразности разделения уравнений как при решении задачи А, так и при решении последующих задач.

Уравнение линии изгиба профиля будет получено в Главе 3.

## Замечание:

Автору не известны другие методы генерации профилей крыльев, для которых заданы: длина, координаты только двух точек и радиус кривизны в носике профиля.

Автор будет чрезвычайно признателен, если читатель укажет на существование других более эффективных методов решния этой задачи.

**PROGRAM A**

**1. Parameters:** $\quad$ r := 0.01 $\quad$ xM := 0.35 $\quad$ yM := 0.15 $\quad$ xm := 0.4 $\quad$ ym := 0.05

**2. Upper Surface** $\quad$ $\varepsilon := 10^{-4}$ $\quad$ $\mu1(s1) := xM^3 - (xM - s1)^3$ $\quad$ $v1(s1) := 1 - (1 - s1)^3$

$$A1 := -1 + \frac{xM}{r} \qquad B1(\beta1) := -1 + \frac{1}{r} + \sin(\beta1)$$

$$d1(s1, \beta1) := \frac{A1 - B1(\beta1) \cdot xM^2}{\mu1(s1) - v1(s1) \cdot xM^2} \qquad c1(s1, \beta1) := B1(\beta1) - d1(s1, \beta1) \cdot v1(s1)$$

**D3(L1)** $\qquad$ $u1(x, s1, \beta1) := 1 - \frac{x}{r} + c1(s1, \beta1) \cdot x^2 + d1(s1, \beta1) \cdot x^3$

$$k1(x, s1, \beta1) := -\frac{1}{r} + 2 \cdot c1(s1, \beta1) \cdot x + 3 \cdot d1(s1, \beta1) \cdot x^2$$

$$y1(x, s1, \beta1) := \sqrt{(2 \cdot r - \varepsilon) \cdot \varepsilon} + \int_{\varepsilon}^{x} \frac{u1(x, s1, \beta1)}{\sqrt{1 - u1(x, s1, \beta1)^2}} \, dx$$

**D2(L3)** $\qquad$ $u3(x, s1, \beta1) := \mu1(x, s1, \beta1) - d1(s1, \beta1) \cdot (x - s1)^3$

$$k3(x, s1, \beta1) := k1(x, s1, \beta1) - 3 \cdot d1(s1, \beta1) \cdot (x - s1)^2$$

$$y3(x, s1, \beta1) := y1(s1, s1, \beta1) + \int_{s1}^{x} \frac{u3(x, s1, \beta1)}{\sqrt{1 - u3(x, s1, \beta1)^2}} \, dx$$

**3. Lower Surface** $\quad$ $A2 := 1 - \frac{xm}{r}$ $\quad$ $B2(\beta2) := 1 - \frac{1}{r} + \sin(\beta2)$ $\quad$ $\lambda(xp) = \left(\frac{xm - xp}{1 - xp}\right)^2$

$$\mu2(xp, s2) := (xm - xp)^3 - (xm - s2)^3 \qquad v2(xp, s2) := (1 - xp)^3 - (1 - s2)^3$$

$$d2(xp, s2, \beta2) := \frac{A2 - B2(\beta2) \cdot \lambda(xp)}{\mu2(xp, s2) - v2(xp, s2) \cdot \lambda(xp)}$$

$$c2(xp, s2, \beta2) := \frac{1}{(1 - xp)^2} \cdot (B2(\beta2) - d2(xp, s2, \beta2) \cdot v2(xp, s2))$$

**D1(L0)** $\qquad$ $y0(x) := -\sqrt{r^2 - (r - x)^2}$ $\quad$ $u0(x) := -1 + \frac{x}{r}$ $\quad$ $k0 := \frac{1}{r}$

**D3(L2)** $\qquad$ $u2(x, xp, s2, \beta2) := -1 + \frac{x}{r} + c2(xp, s2, \beta2) \cdot (x - xp)^2 + d2(xp, s2, \beta2) \cdot (x - xp)^3$

$$k2(x, xp, s2, \beta2) := \frac{1}{r} + 2 \cdot c2(xp, s2, \beta2) \cdot (x - xp) + 3 \cdot d2(xp, s2, \beta2) \cdot (x - xp)^2$$

$$y2(x, xp, s2, \beta2) := y0(xp) + \int_{xp}^{x} \frac{u2(x, xp, s2, \beta2)}{\sqrt{1 - u2(x, xp, s2, \beta2)^2}} \, dx$$

**D2(L4)** $\qquad$ $u4(x, xp, s2, \beta2) := \mu2(x, xp, s2, \beta2) - d2(xp, s2, \beta2) \cdot (x - s2)^3$

$$k4(x,xp,s2,\beta2) := k2(x,xp,s2,\beta2) - 3 \cdot d2(xp,s2,\beta2) \cdot (x - s2)^2$$

$$y4(x,xp,s2,\beta2) := y2(s2,xp,s2,\beta2) + \int_{s2}^{x} \frac{u4(x,xp,s2,\beta2)}{\sqrt{1 - u4(x,xp,s2,\beta2)^2}} \, dx$$

## 4. Solution to Equations #1

$$\rho(xp,s1,s2,\beta1,\beta2) := \frac{y2(s2,xp,s2,\beta2) - y1(s1,s1,\beta1)}{\sqrt{1 - u2(s2,xp,s2,\beta2)^2} + \sqrt{1 - u1(s1,s1,\beta1)^2}}$$

$$H(xp,s1,s2,\beta1,\beta2) := s2 - s1 + (u2(s2,xp,s2,\beta2) + u1(s1,s1,\beta1)) \cdot \rho(xp,s1,s2,\beta1,\beta2)$$

$$xp := \varepsilon \qquad s1 := r \qquad s2 := r \qquad \beta1 := 0 \qquad \beta2 := 0$$

Given    $y3(xM,s1,\beta1) - yM=0$      $y3(1,s1,\beta1)=0$      $H(xp,s1,s2,\beta1,\beta2)=0$

$y4(xm,xp,s2,\beta2) - ym=0$    $y4(1,xp,s2,\beta2)=0$

$$\begin{bmatrix} xp \\ s1 \\ s2 \\ \beta1 \\ \beta2 \end{bmatrix} := Find(xp,s1,s2,\beta1,\beta2)$$

$xp = 0.00982$    $s1 = 0.00709$    $\beta1 = -0.174$

$s2 = 0.02053$    $\beta2 = -0.074$

## 5. Solution to Equations #2

$\beta1 := 0$    Given    $y3(xM,s1,\beta1) - yM=0$    $y3(1,s1,\beta1)=0$    $\begin{pmatrix} s1 \\ \beta1 \end{pmatrix} := Find(s1,\beta1)$

$s1 = 0.00709$    $\beta1 = -0.174$

$ys1 := y1(s1,s1,\beta1)$    $us1 := u1(s1,s1,\beta1)$

$$H(xp,s2,\beta2) := s2 - s1 + \frac{u2(s2,xp,s2,\beta2) + us1}{\sqrt{1 - u2(s2,xp,s2,\beta2)^2} + \sqrt{1 - us1^2}} \cdot (y2(s2,xp,s2,\beta2) - ys1)$$

$$xp := \varepsilon \qquad s2 := r \qquad \beta2 := 0$$

Given  $y4(xm,xp,s2,\beta2) - ym=0$  $y4(1,xp,s2,\beta2)=0$  $H(xp,s2,\beta2)=0$  $\begin{pmatrix} xp \\ s2 \\ \beta2 \end{pmatrix} := Find(xp,s2,\beta2)$

$xp = 0.00982$    $s2 = 0.02053$    $\beta2 = -0.074$

$yp := y0(xp)$    $ys2 := y2(s2,xp,s2,\beta2)$    $us2 := u2(s2,xp,s2,\beta2)$

## 6. Main Functions

$\chi1(x,s1) := \begin{cases} 0 & \text{if } x<s1 \\ 1 & \text{otherwise} \end{cases}$    $\chi2(x,s2) := \begin{cases} 0 & \text{if } x<s2 \\ 1 & \text{otherwise} \end{cases}$

$Y1(x) := \begin{cases} y1(x,s1,\beta1) & \text{if } 0 \le x<s1 \\ y3(x,s1,\beta1) & \text{if } s1 \le x<1 \\ 0 & \text{if } x=1 \end{cases}$    $Y2(x) := \begin{cases} y0(x) & \text{if } 0 \le x<xp \\ y2(x,xp,s2,\beta2) & \text{if } xp \le x \le s2 \\ y4(x,xp,s2,\beta2) & \text{if } s2 \le x<1 \\ 0 & \text{if } x=1 \end{cases}$

$U1(x) := u1(x,s1,\beta1) - d1(s1,\beta1) \cdot (x - s1)^3 \cdot \chi1(x,s1)$

$U2(x) := \begin{cases} u0(x) & \text{if } 0 \le x<xp \\ u2(x,xp,s2,\beta2) - d2(xp,s2,\beta2) \cdot (x - s2)^3 \cdot \chi2(x,s2) & \text{otherwise} \end{cases}$

$$K1(x) := k1(x,s1,\beta1) - 3 \cdot d1(s1,\beta1) \cdot (x - s1)^2 \cdot \chi1(x,s1)$$

$$K2(x) := \begin{vmatrix} k0 & \text{if } 0 \le x < xp \\ k2(x,xp,s2,\beta2) - 3 \cdot d2(xp,s2,\beta2) \cdot (x - s2)^2 \cdot \chi2(x,s2) & \text{otherwise} \end{vmatrix}$$

**7. Circle Cs**    $\rho := -\dfrac{ys2 - ys1}{\sqrt{1 - us2^2} + \sqrt{1 - us1^2}}$    $\rho = 0.01244$    $\xi os := s1 + \rho \cdot us1$    $\eta os := ys1 - \rho \cdot \sqrt{1 - us1^2}$

$$\xi s(\theta) := \xi os + \rho \cdot \cos(\theta) \qquad \eta s(\theta) := \eta os + \rho \cdot \sin(\theta) \qquad \theta := 0, \frac{\pi}{50} .. 2 \cdot \pi$$

**8. Camber line**    $H(c,d) := d - c + \dfrac{U2(d) + U1(c)}{\sqrt{1 - U2(d)^2} + \sqrt{1 - U1(c)^2}} \cdot (Y2(d) - Y1(c))$

$$d := 3 \cdot r \qquad d(c) := root(H(c,d),d) \qquad \rho c(c) := -\dfrac{Y2(d(c)) - Y1(c)}{\sqrt{1 - U2(d(c))^2} + \sqrt{1 - U1(c)^2}}$$

$$xc(c) := \begin{vmatrix} r & \text{if } c = 0 \\ c + \rho c(c) \cdot U1(c) & \text{if } 0 < c < 1 \\ 1 & \text{if } c = 1 \end{vmatrix} \qquad\qquad yc(c) := \begin{vmatrix} 0 & \text{if } c = 0 \\ Y1(c) - \rho c(c) \cdot \sqrt{1 - U1(c)^2} & \text{if } 0 < c < 1 \\ 0 & \text{if } c = 1 \end{vmatrix}$$

**9. Draft of Airfoil**      $r = 0.01$    $xM = 0.35$    $yM = 0.15$    $xm = 0.4$    $ym = 0.05$

$$x := 0, 0.001 .. 1 \qquad c := 0, 0.05 .. 1$$

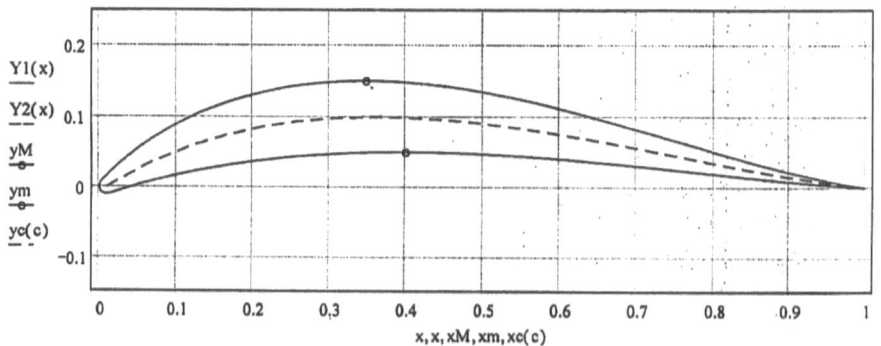

**10. Functions U1(x), U2(x), K1(x), K2(x)**             $x := 0, 0.0001 .. 0.05$

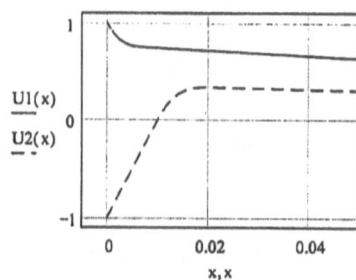

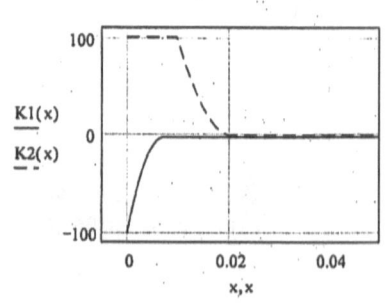

**11. Head of Airfoil**  $x := 0, 0.0002 .. 0.07$

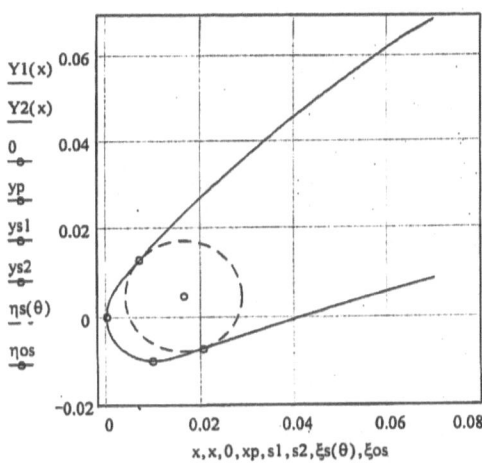

**12. Coordinates of Points**

$$\text{Yupper}(x) := \begin{vmatrix} 0 & \text{if } |Y1(x)| < 10^{-5} \\ Y1(x) & \text{otherwise} \end{vmatrix} \qquad \text{Ylower}(x) := \begin{vmatrix} 0 & \text{if } |Y2(x)| < 10^{-5} \\ Y2(x) & \text{otherwise} \end{vmatrix} \qquad x := 0, 0.05 .. 1$$

| | Airfoil | | | Camber line |
|---|---|---|---|---|
| x | Yupper(x) | Ylower(x) | xc(c) | yc(c) |
| 0 | 0 | 0 | 0.01 | 0 |
| 0.05 | 0.0539 | 0.0025 | 0.0662 | 0.034 |
| 0.1 | 0.0884 | 0.0165 | 0.1179 | 0.0574 |
| 0.15 | 0.113 | 0.0277 | 0.1662 | 0.0738 |
| 0.2 | 0.1303 | 0.0363 | 0.2127 | 0.0853 |
| 0.25 | 0.1417 | 0.0426 | 0.2585 | 0.093 |
| 0.3 | 0.148 | 0.0468 | 0.3041 | 0.0977 |
| 0.35 | 0.15 | 0.0492 | 0.35 | 0.0996 |
| 0.4 | 0.1482 | 0.05 | 0.3965 | 0.0991 |
| 0.45 | 0.143 | 0.0493 | 0.4438 | 0.0965 |
| 0.5 | 0.1349 | 0.0473 | 0.4919 | 0.0917 |
| 0.55 | 0.1243 | 0.0443 | 0.5409 | 0.0852 |
| 0.6 | 0.1117 | 0.0404 | 0.5907 | 0.0771 |
| 0.65 | 0.0975 | 0.0358 | 0.6412 | 0.0678 |
| 0.7 | 0.0823 | 0.0306 | 0.6923 | 0.0575 |
| 0.75 | 0.0667 | 0.0252 | 0.7437 | 0.0468 |
| 0.8 | 0.051 | 0.0196 | 0.7954 | 0.036 |
| 0.85 | 0.0361 | 0.0141 | 0.8469 | 0.0255 |
| 0.9 | 0.0222 | 0.0089 | 0.8983 | 0.0157 |
| 0.95 | 0.01 | 0.0041 | 0.9494 | 0.0071 |
| 1 | 0 | 0 | 1. | 0 |

## 2.2. Задача В. Профили, для которых заданы параметры: $r, x_M, y_M, x_m, y_m, \beta_1, \beta_2$.

### 2.2.1. Постановка и решение задачи В.

Задачу В отличает от задачи А задание углов $\beta_1$ и $\beta_2$. Эти углы показаны на Схеме моделирования В. Задание $\beta_1$ и $\beta_2$ приводит к увеличению числа граничных условий. В этом случае равенство числа граничных условий и числа неизвестных задачи соблюдается за счет повышения степеней $D_n$- кривых, моделирующих линии $l_3$ и $l_4$. Следовательно, составные кривые верхнего и нижнего контуров профиля должны быть представлены в виде:
$$D_3(l_1) \oplus D_3(l_3) \quad \text{и} \quad D_1(l_0) \oplus D_3(l_2) \oplus D_3(l_4),$$
а порядок сращивания в точках $O, P, S_1, S_2, L$ сохранен, как это принято в задаче А.

Граничные условия.
Верхний контур:

$$y_1(0) = 0, \quad u_1(0) = 1, \quad k_1(0) = -\frac{1}{r}, \qquad \text{(B.1) (B.2) (B.3)}$$

$$y_1(s_1) = y_3(s_1), \qquad u_1(s_1) = u_3(s_1), \qquad \text{(B.4) (B.5)}$$

$$k_1(s_1) = k_3(s_1), \qquad g_1(s_1) = g_3(s_1), \qquad \text{(B.6) (B.7)}$$

$$y_3(x_M) = y_M, \qquad u_3(x_M) = 0, \qquad \text{(B.8) (B.9)}$$

$$y_3(1) = 0, \qquad u_3(1) = \sin \beta_1. \qquad \text{(B.10) (B.11)}$$

Нижний контур:

$$y_0(0) = 0, \quad u_0(0) = -1, \quad k_0(0) = \frac{1}{r}, \qquad \text{(B.12) (B.13) (B.14)}$$

$$y_0(x_p) = y_2(x_p), \quad u_0(x_p) = u_2(x_p), \qquad \text{(B.15) (B.16)}$$

$$\frac{1}{r} = k_2(x_p), \qquad \text{(B.17)}$$

$$y_2(s_2) = y_4(s_2), \qquad u_2(s_2) = u_4(s_2), \qquad \text{(B.18) (B.19)}$$

$$k_2(s_2) = k_4(s_2), \qquad g_2(s_2) = g_4(s_2), \qquad \text{(B.20) (B.21)}$$

$$y_4(x_m) = y_m, \qquad u_4(x_m) = 0, \qquad \text{(B.22) (B.23)}$$

$$y_4(1) = 0, \qquad u_4(1) = \sin \beta_2. \qquad \text{(B.24) (B.25)}$$

Решение задачи
Функции кривых верхнего контура:

## Схема моделирования B

1. Эскиз профиля крыла.

   Заданы параметры: $r, x_M, y_M, x_m, y_m, \beta_1, \beta_2$

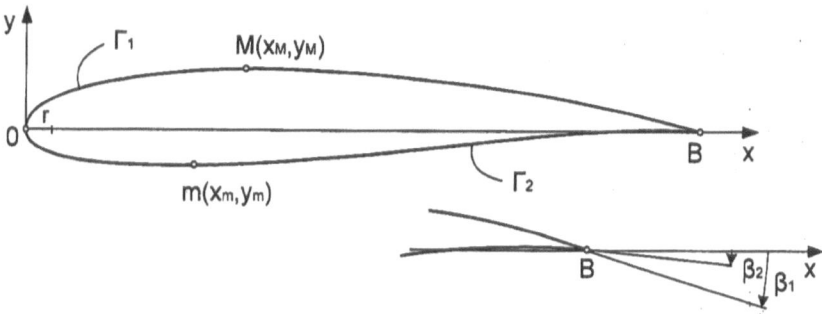

Линии профиля и точки сращивания

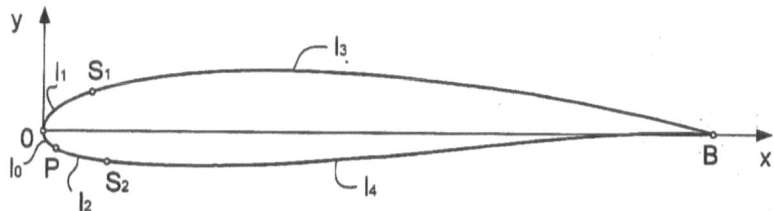

2. Моделирование профиля крыла.

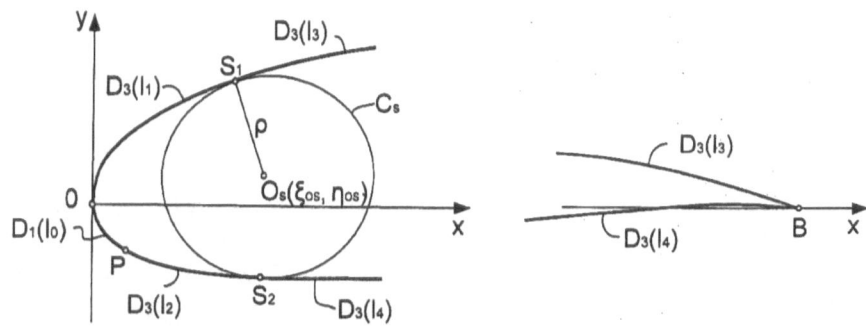

Составные кривые:

$$\text{Верхний контур } \Gamma_{upper} : D_3(l_1) \oplus D_3(l_3);$$

$$\text{Нижний контур } \Gamma_{lower} : D_1(l_0) \oplus D_3(l_2) \oplus D_3(l_4).$$

Порядок сращивания кривых в точках:

$$O(2), P(2), S_1(3), S_2(3), B(0)$$

$$D_3(l_1): \quad y_1(x) = \sqrt{(2 \cdot r - \varepsilon) \cdot \varepsilon} + \int_\varepsilon^x \frac{u_1(x)}{\sqrt{1 - u_1(x)^2}}\, dx, \quad x \in [0, s_1],$$

$$u_1(x) = 1 - \frac{x}{r} + c_1 x^2 + d_1 x^3, \qquad k_1(x) = -\frac{1}{r} + 2 \cdot c_1 x + 3 \cdot d_1 x^2,$$

$$g_1(x) = 2 \cdot c_1 + 6 \cdot d_1 x.$$

$$D_3(l_3): \quad y_3(x) = y_1(s_1) + \int_{s_1}^x \frac{u_3(x)}{\sqrt{1 - u_3(x)^2}}\, dx, \qquad x \in [s_1, 1],$$

$$u_3(x) = a_3 + b_3(x - s_1) + c_3(x - s_1)^2 + d_3(x - s_1)^3,$$

$$k_3(x) = b_3 + 2 \cdot c_3(x - s_1) + 3 \cdot d_3(x - s_1)^2, \quad g_3(x) = 2 \cdot c_3 + 6 \cdot d_3(x - s_1).$$

Преобразуем функцию $u_3(x)$, воспользовавшись (В.5)–(В.7) и формулой (1.24), где $i = 1, j = 3$.

$$u_3(x) = u_1(x) - d_{13}(x - s_1)^3, \quad d_{13} = d_1 - d_3.$$

Введем дополнительное условие

$$k_3(x_M) = k_M, \tag{В.26}$$

$k_M$ – кривизна *Гиппер* в точке $x = x_M$.

Условия (В.9), (В.11) и (В.26) позволяют записать

$$\begin{cases} 1 - \dfrac{x_M}{r} + c_1 {x_M}^2 + d_1 {x_M}^3 - d_{13}(x_M - s_1)^3 = 0, \\[2mm] 1 - \dfrac{1}{r} + c_1 + d_1 - d_{13}(1 - s_1)^3 = \sin \beta_1, \\[2mm] -\dfrac{1}{r} + 2 \cdot c_1 x_M + 3 \cdot d_1 {x_M}^2 - 3 \cdot d_{13}(x_M - s_1)^2 = k_M. \end{cases}$$

Решая эту систему уравнений, получим формулы, выражающие зависимости коэффициентов $c_1, d_1, d_{13}$ от абсциссы $s_1$ и кривизны $k_M$.

$$c_1 = c_1(\Phi_1) = \frac{(A_1 - B_1 \cdot \lambda_1(s_1)) \cdot F_1(s_1) - (3 \cdot A_1 - C_1(k_M) \cdot (x_M - s_1)) \cdot D_1(s_1)}{E_1(s_1) \cdot F_1(s_1) - x_M(x_M + 2 \cdot s_1) \cdot D_1(s_1)},$$

$$d_1 = d_1(\Phi_1) =$$

$$= \frac{1}{F_1(s_1)}(3 \cdot A_1 - C_1(k_M) \cdot (x_M - s_1) - c_1(\Phi_1) \cdot x_M(x_M + 2 \cdot s_1)),$$

$$d_{13} = d_{13}(\Phi_1) = -\frac{1}{(x_M - s_1)^3}\left(A_1 - c_1(\Phi_1) \cdot {x_M}^2 - d_1(\Phi_1) \cdot {x_M}^3\right),$$

$$A_1 = -1 + \frac{x_M}{r}, \; B_1 = -1 + \frac{1}{r} + \sin(\beta_1), \; C_1(k_M) = \frac{1}{r} + k_M, \; D_1(s_1) = x_M{}^3 - \lambda_1(s_1),$$

$$E_1(s_1) = x_M{}^2 - \lambda_1(s_1), \; F_1(s_1) = 3 \cdot x_M{}^2 s_1, \; \lambda_1(s_1) = \left( \frac{x_M - s_1}{1 - s_1} \right)^3.$$

Неизвестные $s_1, k_M$ находим, решая уравнения:

$$y_3(x_M, \Phi_1) - y_M = 0, \quad y_3(1, \Phi_1) = 0, \quad \text{где } \Phi_1 = \{s_1, k_M\}.$$

Функции кривых нижнего контура

$$D_1(l_0): \; y_0(x) = -\sqrt{r^2 - (r - x)^2}, \quad u_0(x) = -1 + \frac{x}{r}, \quad k_0 = \frac{1}{r}, \quad x \in [0, x_p].$$

$$D_3(l_2): \qquad y_2(x) = y_0(x_p) + \int_{x_p}^{x} \frac{u_2(x)}{\sqrt{1 - u_2(x)^2}} dx, \qquad x \in [x_p, s_2],$$

$$u_2(x) = -1 + \frac{x}{r} + c_2(x - x_p)^2 + d_2(x - x_p)^3,$$

$$k_2(x) = \frac{1}{r} + 2 \cdot c_2(x - x_p) + 3 \cdot d_2(x - x_p)^2, \quad g_2(x) = 2 \cdot c_2 + 6 \cdot d_2(x - x_p).$$

$$D_3(l_4): \qquad y_4(x) = y_2(s_2) + \int_{s_2}^{x} \frac{u_4(x)}{\sqrt{1 - u_4(x)^2}} dx, \qquad x \in [s_2, 1],$$

$$u_4(x) = a_4 + b_4(x - s_2) + c_4(x - s_2)^2 + d_4(x - s_2)^3,$$

$$k_4(x) = b_4 + 2 \cdot c_4(x - s_2) + 3 \cdot d_4(x - s_2)^2, \quad g_4(x) = 2 \cdot c_4 + 6 \cdot d_4(x - s_2).$$

Преобразуем функцию $u_4(x)$, воспользовавшись (В.19) − (В.21) и формулой (1.24), где $i = 2, j = 4$.

$$u_4(x) = u_2(x) - d_{24}(x - s_2)^3, \quad d_{24} = d_2 - d_4.$$

Введем дополнительное условие

$$k_4(x_m) = k_m, \tag{В.27}$$

$k_m$ – кривизна $\Gamma lower$ в точке $x = x_m$.

Условия (В.23), (В.25) и (В.27) позволяют записать

$$\begin{cases} -1 + \dfrac{x_m}{r} + c_2(x_m - x_p)^2 + d_2(x_m - x_p)^3 - d_{24}(x_m - s_2)^3 = 0, \\[2mm] -1 + \dfrac{1}{r} + c_2(1 - x_p)^2 + d_2(1 - x_p)^3 - d_{24}(1 - s_2)^3 = \sin \beta_2, \\[2mm] \dfrac{1}{r} + 2 \cdot c_2(x_m - x_p) + 3 \cdot d_2(x_m - x_p)^2 - 3 \cdot d_{24}(x_m - s_2)^2 = k_m. \end{cases}$$

Решая эту систему уравнений, находим

$$c_2 = c_2(\Phi_2) =$$

$$= \frac{(A_2 - B_2 \cdot \lambda_2(s_2)) \cdot F_2(x_p, s_2) - (3 \cdot A_2 - C_2(k_m) \cdot (x_m - s_2) \cdot D_2(x_p, s_2)}{E_2(x_p, s_2) \cdot F_2(x_p, s_2) - (x_m - \dot{x}_p) \cdot (x_m - 3 \cdot x_p + 2 \cdot s_2) \cdot D_2(x_p, s_2)},$$

$$d_2 = d_2(\Phi_2) = \frac{1}{D_2(x_p, s_2)}(A_2 - B_2 \cdot \lambda_2(s_2) - c_2(\Phi_2) \cdot E_2(x_p, s_2)),$$

$$d_{24} = d_{24}(\Phi_2) =$$

$$= -\frac{1}{(x_m - s_2)^3}(A_2 - c_2(\Phi_2) \cdot (x_m - x_p)^2 - d_2(\Phi_2) \cdot (x_m - x_p)^3),$$

где $\quad A_2 = 1 - \dfrac{x_m}{r}, \quad B_2 = 1 - \dfrac{1}{r} + \sin(\beta_2), \quad C_2(k_m) = -\dfrac{1}{r} + k_m,$

$$D_2(x_p, s_2) = (x_m - x_p)^3 - (1 - x_p)^3 \lambda_2(s_2),$$

$$E_2(x_p, s_2) = (x_m - x_p)^2 - (1 - x_p)^2 \lambda_2(s_2),$$

$$F_2(x_p, s_2) = 3 \cdot (x_m - x_p)^2 \cdot (s_2 - x_p), \quad \lambda_2(s_2) = \left(\frac{x_m - s_2}{1 - s_2}\right)^3.$$

Неизвестные $x_p, s_2, k_m$ определяем из уравнений

$$y_4(x_m, \Phi_2) - y_m = 0, \quad y_4(1, \Phi_2) = 0, \quad H(\Phi_2) = 0,$$

где $\quad H(\Phi_2) = s_2 - s_1 + \dfrac{u_2(s_2; \Phi_2) + us_1}{\sqrt{1 - u_2(s_2, \Phi_2)^2} + \sqrt{1 - us_1^2}}(y_2(s_2, \Phi_2) - ys_1),$

$$\Phi_2 = \{x_p, s_2, k_m\}.$$

Главные функции профиля.

Верхний контур: $\qquad Y_1(x) = \begin{vmatrix} y_1(x, \Phi_1), x \in [0, s_1), \\ y_3(x, \Phi_1), x \in [s_1, 1], \end{vmatrix}$

$$U_1(x) = u_1(x, \Phi_1) - d_{13}(\Phi_1)(x - s_1)^3 \chi_1(x, s_1), x \in [0, 1],$$

$$K_1(x) = k_1(x, \Phi_1) - 3 \cdot d_{13}(\Phi_1)(x - s_1)^2 \chi_1(x, s_1), x \in [0, 1].$$

Нижний контур: $\qquad Y_2(x) = \begin{vmatrix} y_0(x), x \in [0, x_p), \\ y_2(x, \Phi_2), x \in [x_p, s_2), \\ y_4(x, \Phi_2), x \in [s_2, 1], \end{vmatrix}$

$$U_2(x) = \begin{vmatrix} u_0(x), x \in \left[0, x_p\right), \\ u_2(x, \Phi_2) - d_{24}(\Phi_2)(x - s_2)^3 \chi_2(x, s_2), x \in \left[x_p, 1\right], \end{vmatrix}$$

$$K_2(x) = \begin{vmatrix} k_0, x \in \left[0, x_p\right), \\ k_2(x, \Phi_2) - 3 \cdot d_{24}(\Phi_2)(x - s_2)^2 \chi_2(x, s_2), x \in \left[x_p, 1\right]. \end{vmatrix}$$

## 2.2.2. Программа В.

Программа В содержит 9 разделов.

| Раздел | Содержание |
|---|---|
| 1 | Ввод параметров: $r, x_M, y_M, x_m, y_m, \beta_1, \beta_2$. |
| 2 | Запись формул коэффициентов $c_1(s_1, k_M)$, $d_1(s_1, k_M)$, $d_{13}(s_1, k_M)$ и функций кривых $D_3(l_1)$, $D_3(l_3)$. Решение системы уравнений для определения $s_1, k_M$. Главные функции *Гupper* профиля. |
| 3 | Запись формул коэффициентов $c_2(x_p, s_2, k_m)$, $d_2(x_p, s_2, k_m)$, $d_{24}(x_p, s_2, k_m)$ и функций кривых $D_1(l_0), D_3(l_2), D_3(l_4)$. Решение системы уравнений для определения $x_p, s_2, k_m$. Главные функции *Гlower* профиля. |
| 4 | Расчет окружности $C_s$. |
| 5 | Расчет линии изгиба профиля. |
| 6 | Чертеж профиля крыла. |
| 7 | Графики главных функций $U_1(x), U_2(x)$ и $K_1(x), K_2(x)$. |
| 8 | Чертеж носовой части профиля. |
| 9 | Таблицы координат точек *Гupper*, *Гlower* профиля и линии изгиба. |

**PROGRAM B**

**1. Parameters**      $r := 0.01$      $xM := 0.35$      $yM := 0.15$      $xm := 0.4$      $ym := 0.05$

$$\beta 1 := -0.1 \qquad \beta 2 := 0.1$$

**2. Upper Surface**      $A1 := -1 + \dfrac{xM}{r}$      $B1 := -1 + \dfrac{1}{r} + \sin(\beta 1)$      $C1(kM) := \dfrac{1}{r} + kM$

$$\lambda 1(s1) := \left(\frac{xM - s1}{1 - s1}\right)^3 \qquad D1(s1) := xM^3 - \lambda 1(s1) \qquad E1(s1) := xM^2 - \lambda 1(s1) \qquad F1(s1) := 3 \cdot xM^2 \cdot s1$$

$$c1(s1, kM) := \frac{(A1 - B1 \cdot \lambda 1(s1)) \cdot F1(s1) - (3 \cdot A1 - C1(kM) \cdot (xM - s1)) \cdot D1(s1)}{E1(s1) \cdot F1(s1) - xM \cdot (xM + 2 \cdot s1) \cdot D1(s1)}$$

$$d1(s1, kM) := \frac{1}{F1(s1)} \cdot (3 \cdot A1 - C1(kM) \cdot (xM - s1) - c1(s1, kM) \cdot xM \cdot (xM + 2 \cdot s1))$$

$$d13(s1, kM) := -\frac{1}{(xM - s1)^3} \cdot \left(A1 - c1(s1, kM) \cdot xM^2 - d1(s1, kM) \cdot xM^3\right)$$

**D3(L1)**      $u1(x, s1, kM) := 1 - \dfrac{x}{r} + c1(s1, kM) \cdot x^2 + d1(s1, kM) \cdot x^3$

$$k1(x, s1, kM) := -\frac{1}{r} + 2 \cdot c1(s1, kM) \cdot x + 3 \cdot d1(s1, kM) \cdot x^2$$

$$\varepsilon := 10^{-4} \qquad y1(x, s1, kM) := \sqrt{(2 \cdot r - \varepsilon) \cdot \varepsilon} + \int_{\varepsilon}^{x} \frac{u1(x, s1, kM)}{\sqrt{1 - u1(x, s1, kM)^2}} \, dx$$

**D3(L3)**      $u3(x, s1, kM) := u1(x, s1, kM) - d13(s1, kM) \cdot (x - s1)^3$

$$k3(x, s1, kM) := k1(x, s1, kM) - 3 \cdot d13(s1, kM) \cdot (x - s1)^2$$

$$y3(x, s1, kM) := y1(s1, s1, kM) + \int_{s1}^{x} \frac{u3(x, s1, kM)}{\sqrt{1 - u3(x, s1, kM)^2}} \, dx$$

**Solution to Equations**

$s1 := r \quad kM := -1 \quad$ Given $\quad y3(xM, s1, kM) - yM = 0 \quad y3(1, s1, kM) = 0 \quad \binom{s1}{kM} := \text{Find}(s1, kM)$

$$s1 = 0.00756 \quad kM = -1.607 \quad ys1 := y1(s1, s1, kM) \quad us1 := u1(s1, s1, kM)$$

**Main Functions**

$$Y1(x) := \begin{vmatrix} y1(x, s1, kM) & \text{if } 0 \le x < s1 \\ y3(x, s1, kM) & \text{if } s1 \le x < 1 \\ 0 & \text{if } x = 1 \end{vmatrix} \qquad \chi 1(x, s1) := \begin{vmatrix} 0 & \text{if } x < s1 \\ 1 & \text{otherwise} \end{vmatrix} \qquad \chi 2(x, s2) := \begin{vmatrix} 0 & \text{if } x < s2 \\ 1 & \text{otherwise} \end{vmatrix}$$

$$U1(x) := u1(x, s1, kM) - d13(s1, kM) \cdot (x - s1)^3 \cdot \chi 1(x, s1)$$

$$K1(x) := k1(x, s1, kM) - 3 \cdot d13(s1, kM) \cdot (x - s1)^2 \cdot \chi 1(x, s1)$$

**3. Lower Surface**      $A2 := 1 - \dfrac{xm}{r}$      $B2 := 1 - \dfrac{1}{r} + \sin(\beta 2)$      $C2(km) := -\dfrac{1}{r} + km$      $\lambda 2(s2) := \left(\dfrac{xm - s2}{1 - s2}\right)^3$

$$D2(xp,s2) := (xm - xp)^3 - (1 - xp)^3 \cdot \lambda 2(s2) \qquad E2(xp,s2) := (xm - xp)^2 - (1 - xp)^2 \cdot \lambda 2(s2)$$

$$F2(xp,s2) := 3 \cdot (xm - xp)^2 \cdot (s2 - xp)$$

$$c2(xp,s2,km) := \frac{(A2 - B2 \cdot \lambda 2(s2)) \cdot F2(xp,s2) - (3 \cdot A2 - C2(km) \cdot (xm - s2)) \cdot D2(xp,s2)}{E2(xp,s2) \cdot F2(xp,s2) - (xm - xp) \cdot (xm - 3 \cdot xp + 2 \cdot s2) \cdot D2(xp,s2)}$$

$$d2(xp,s2,km) := \frac{1}{D2(xp,s2)} \cdot (A2 - B2 \cdot \lambda 2(s2) - c2(xp,s2,km) \cdot E2(xp,s2))$$

$$d24(xp,s2,km) := -\frac{1}{(xm - s2)^3} \cdot \left[ A2 - c2(xp,s2,km) \cdot (xm - xp)^2 - d2(xp,s2,km) \cdot (xm - xp)^3 \right]$$

**D1(L0)**         $$y0(x) := -\sqrt{r^2 - (r - x)^2} \qquad u0(x) := -1 + \frac{x}{r} \qquad k0 := \frac{1}{r}$$

**D3(L2)**         $$u2(x,xp,s2,km) := -1 + \frac{x}{r} + c2(xp,s2,km) \cdot (x - xp)^2 + d2(xp,s2,km) \cdot (x - xp)^3$$

$$k2(x,xp,s2,km) := \frac{1}{r} + 2 \cdot c2(xp,s2,km) \cdot (x - xp) + 3 \cdot d2(xp,s2,km) \cdot (x - xp)^2$$

$$y2(x,xp,s2,km) := y0(xp) + \int_{xp}^{x} \frac{u2(x,xp,s2,km)}{\sqrt{1 - u2(x,xp,s2,km)^2}} \, dx$$

**D3(L4)**         $$u4(x,xp,s2,km) := u2(x,xp,s2,km) - d24(xp,s2,km) \cdot (x - s2)^3$$

$$k4(x,xp,s2,km) := k2(x,xp,s2,km) - 3 \cdot d24(xp,s2,km) \cdot (x - s2)^2$$

$$y4(x,xp,s2,km) := y2(s2,xp,s2,km) + \int_{s2}^{x} \frac{u4(x,xp,s2,km)}{\sqrt{1 - u4(x,xp,s2,km)^2}} \, dx$$

$$xp := \varepsilon \qquad s2 := r \qquad km := 0$$

$$H(xp,s2,km) := s2 - s1 + \frac{u2(s2,xp,s2,km) + us1}{\sqrt{1 - u2(s2,xp,s2,km)^2} + \sqrt{1 - us1^2}} \cdot (y2(s2,xp,s2,km) - ys1)$$

**Solution to Equations**

Given    $y4(xm,xp,s2,km) - ym = 0$     $y4(1,xp,s2,km) = 0$     $H(xp,s2,km) = 0$

$$\begin{pmatrix} xp \\ s2 \\ km \end{pmatrix} := Find(xp,s2,km)$$

$xp = 0.00888$    $s2 = 0.02034$    $km = -0.80977$    $ys2 := y2(s2,xp,s2,km)$    $us2 := u2(s2,xp,s2,km)$

**Main Functions**          $$Y2(x) := \begin{vmatrix} y0(x) & \text{if } 0 \leq x < xp \\ y2(x,xp,s2,km) & \text{if } xp \leq x < s2 \\ y4(x,xp,s2,km) & \text{if } s2 \leq x < 1 \\ 0 & \text{if } x = 1 \end{vmatrix} \qquad \theta := 0, \frac{\pi}{50} \ldots 2 \cdot \pi$$

$$U2(x) := \begin{cases} u0(x) & \text{if } 0 \le x < xp \\ u2(x,xp,s2,km) - d24(xp,s2,km)\cdot(x-s2)^3\cdot\chi2(x,s2) & \text{if } xp \le x \le 1 \end{cases}$$

$$K2(x) := \begin{cases} k0 & \text{if } 0 \le x < xp \\ k2(x,xp,s2,km) - 3\cdot d24(xp,s2,km)\cdot(x-s2)^2\cdot\chi2(x,s2) & \text{if } xp \le x \le 1 \end{cases}$$

**4. Circle Cs**    $\rho := -\dfrac{ys2 - ys1}{\sqrt{1-us2^2} + \sqrt{1-us1^2}}$    $\rho = 0.01275$    $\xi os := s1 + \rho\cdot us1$    $\eta os := ys1 - \rho\cdot\sqrt{1-us1^2}$

$\xi s(\theta) := \xi os + \rho\cdot\cos(\theta)$    $\eta s(\theta) := \eta os + \rho\cdot\sin(\theta)$

**5. Camber line**    $H(c,d) := d - c + \dfrac{U2(d) + U1(c)}{\sqrt{1-U2(d)^2} + \sqrt{1-U1(c)^2}}\cdot(Y2(d) - Y1(c))$

$d := 3\cdot r$    $d(c) := \text{root}(H(c,d),d)$    $\rho c(c) := -\dfrac{Y2(d(c)) - Y1(c)}{\sqrt{1-U2(d(c))^2} + \sqrt{1-U1(c)^2}}$

$$xc(c) := \begin{cases} r & \text{if } c=0 \\ c + \rho c(c)\cdot U1(c) & \text{if } 0 < c < 1 \\ 1 & \text{if } c=1 \end{cases}$$      $$yc(c) := \begin{cases} 0 & \text{if } c=0 \\ Y1(c) - \rho c(c)\cdot\sqrt{1-U1(c)^2} & \text{if } 0 < c < 1 \\ 0 & \text{if } c=1 \end{cases}$$

**6. Airfoil**    $r = 0.01$    $xM = 0.35$    $yM = 0.15$    $xm = 0.4$    $ym = 0.05$    $\beta1 = -0.1$    $\beta2 = 0.1$

$x := 0, 0.001 .. 1$    $c := 0, 0.05 .. 1$

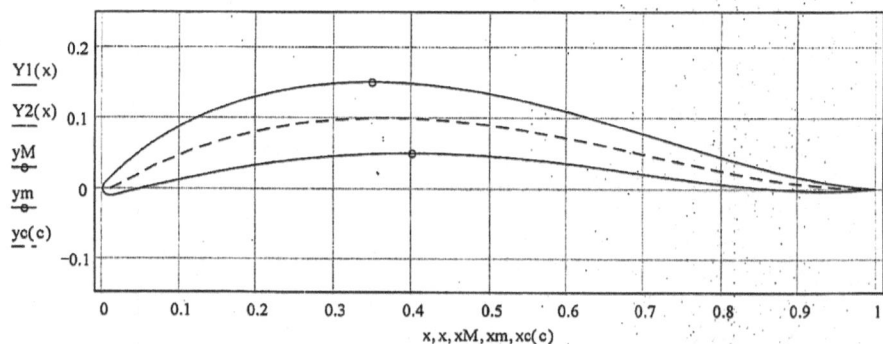

**7. Functions U1(x), U2(x), K1(x), K2(x)**      $x := 0, 0.001 .. 0.05$

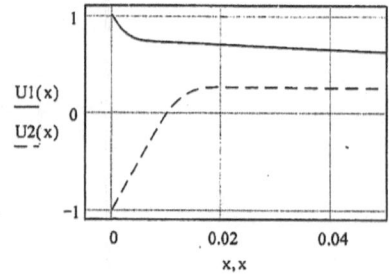

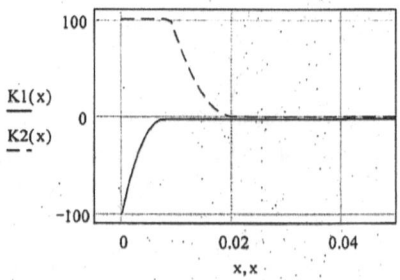

**8. Head of Airfoil**

$$x := 0, 0.0005 .. 0.06$$

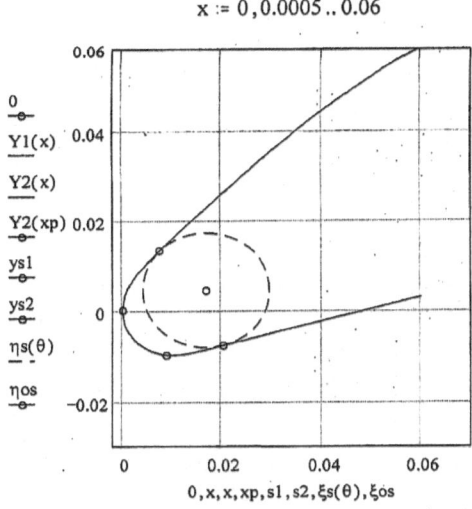

$0, x, x, xp, s1, s2, \xi s(\theta), \xi \acute{o}s$

**9. Coordinates of Points**

$$Yupper(x) := \begin{vmatrix} 0 & \text{if } |Y1(x)| < 10^{-5} \\ Y1(x) & \text{otherwise} \end{vmatrix} \quad Ylower(x) := \begin{vmatrix} 0 & \text{if } |Y2(x)| < 10^{-5} \\ Y2(x) & \text{otherwise} \end{vmatrix} \quad x := 0, 0.05$$

| | Airfoil | | Camber line | |
|---|---|---|---|---|
| x | Yupper(x) | Ylower(x) | xc(c) | yc(c) |
| 0 | 0 | 0 | 0.01 | 0 |
| 0.05 | 0.0526 | $1.7451 \cdot 10^{-4}$ | 0.0666 | 0.0319 |
| 0.1 | 0.0869 | 0.0128 | 0.1187 | 0.0549 |
| 0.15 | 0.1119 | 0.0239 | 0.1669 | 0.0717 |
| 0.2 | 0.1296 | 0.0332 | 0.2133 | 0.0837 |
| 0.25 | 0.1413 | 0.0406 | 0.2589 | 0.0921 |
| 0.3 | 0.1479 | 0.0458 | 0.3043 | 0.0972 |
| 0.35 | 0.15 | 0.049 | 0.35 | 0.0995 |
| 0.4 | 0.1481 | 0.05 | 0.3963 | 0.0991 |
| 0.45 | 0.1425 | 0.049 | 0.4433 | 0.0962 |
| 0.5 | 0.1339 | 0.0461 | 0.4913 | 0.0908 |
| 0.55 | 0.1225 | 0.0416 | 0.5401 | 0.0833 |
| 0.6 | 0.1089 | 0.0357 | 0.5898 | 0.0738 |
| 0.65 | 0.0937 | 0.0289 | 0.6403 | 0.0629 |
| 0.7 | 0.0775 | 0.0214 | 0.6913 | 0.051 |
| 0.75 | 0.0609 | 0.014 | 0.7427 | 0.0387 |
| 0.8 | 0.0449 | 0.0071 | 0.7944 | 0.0269 |
| 0.85 | 0.0301 | 0.0015 | 0.8461 | 0.0163 |
| 0.9 | 0.0172 | -0.0021 | 0.8978 | 0.0077 |
| 0.95 | 0.0069 | -0.0029 | 0.9492 | 0.0021 |
| 1 | 0 | 0 | 1 | 0 |

## Глава 3. Свойства профилей крыльев, моделирование которых выполнено $D_n$ - кривыми.

Уважаемый читатель, Вы познакомились с теорией Метода и изучили решение задач А и В. Расширим наши знания, посвятив эту главу свойствам профилей. Будем считать, что задача математического моделирования решена и получены главные функции профиля.

### 3.1. Свойства профилей.

*1. Площадь $\omega$ и координаты центра масс $(x_g, y_g)$.*

$$\omega = \int_0^1 \left[ Y_1(x) - Y_2(x) \right] dx. \tag{3.1}$$

Абсциссу $x_g$ находим по формуле

$$x_g = \frac{1}{\omega} \int_0^1 x \left[ Y_1(x) - Y_2(x) \right] dx. \tag{3.2}$$

Сместим профиль параллельно оси $0x$ на величину $\delta$, как показано на рисунке 9. Вычислим площадь $\omega_\delta$, ограниченную нижним контуром профиля, осью $0x$ и вертикальными прямыми $x = 0$, $x = 1$.

$$\omega_\delta = \delta + \int_0^1 Y_2(x) dx,$$

тогда ордината центра масс

$$y_g = \frac{y_{1g}(\omega + \omega_\delta) - y_{2g}\omega_\delta}{\omega} - \delta, \tag{3.3}$$

где $y_{1g}$ и $y_{2g}$ находятся по формулам Гульдена

$$y_{1g} = \frac{1}{2(\omega + \omega_\delta)} \int_0^1 [Y_1(x) + \delta]^2 \, dx, \quad y_{2g} = \frac{1}{2\omega_\delta} \int_0^1 [Y_2(x) + \delta]^2 \, dx.$$

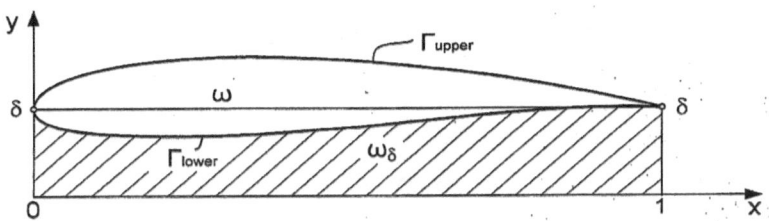

Рис.9. Параллельное смещение профиля относительно оси $0x$.

Смещение $\delta$ выбирается так, чтобы $\Gamma_{lower}$ профиля не пересекал ось $0x$.

## 2. Окружность $C_s$.

Выполним построения, как показано на рисунке 10, где $\rho$ – радиус окружности $C_s$, $(\xi_{0s}, \eta_{0s})$ – координаты ее центра. $S_1$ и $S_2$ – точки касания $C_s$ с профилем крыла, которые являются точками сращивания составных кривых верхнего и нижнего контуров профиля.

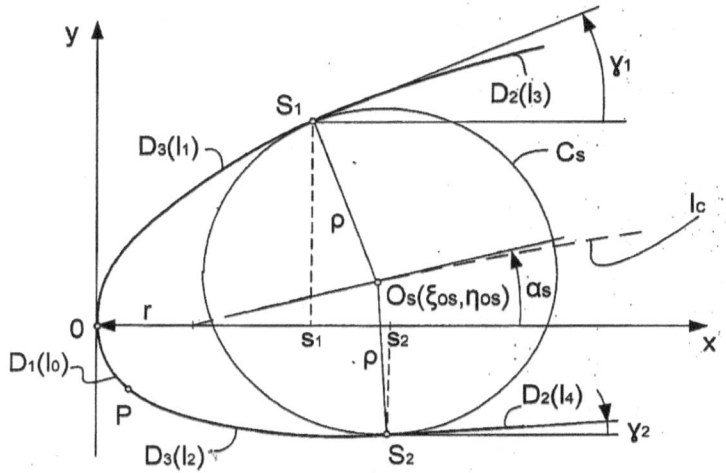

Рис.10. Окружность $C_s$.

Нетрудно видеть, что справедливы формулы

$$s_1 = \xi_{0s} - \rho \cdot \sin\gamma_1 = \xi_{0s} - \rho \cdot U_1(s_1), \quad (3.4)$$

$$s_2 = \xi_{0s} + \rho \cdot \sin\gamma_2 = \xi_{0s} + \rho \cdot U_2(s_2), \quad (3.5)$$

где $\gamma_1$ и $\gamma_2$ – углы наклона касательных, проведенные к профилю в точках $S_1$ и $S_2$.

Вычитая из (3.5) равенство (3.4), получим

$$\rho(s_1, s_2) = \frac{s_2 - s_1}{U_2(s_2) + U_1(s_1)}. \qquad (3.6)$$

С другой стороны,

$$Y_1(s_1) = \eta_{0s} + \rho \cdot \cos\gamma_1 = \eta_{0s} + \rho\sqrt{1 - U_1(s_1)^2}, \qquad (3.7)$$

$$Y_2(s_2) = \eta_{0s} - \rho \cdot \cos\gamma_2 = \eta_{0s} - \rho\sqrt{1 - U_2(s_2)^2}. \qquad (3.8)$$

Вычитая из (3.8) равенство (3.7), получим

$$\rho(s_1, s_2) = -\frac{Y_2(s_2) - Y_1(s_1)}{\sqrt{1 - U_2(s_2)^2} + \sqrt{1 - U_1(s_1)^2}}. \qquad (3.9)$$

Правые части (3.6) и (3.9) равны, что позволяет записать уравнение:

$$H(s_1, s_2) = s_2 - s_1 + \frac{U_2(s_2) + U_1(s_1)}{\sqrt{1 - U_2(s_2)^2} + \sqrt{1 - U_1(s_1)^2}}\left[Y_2(s_2) - Y_1(s_1)\right] = 0., \quad (3.10)$$

которое связывает абсциссы точек $S_1$ и $S_2$.

Если $s_1$ определена, то для построения окружности $C_s$ необходимо:

a). Найти абсциссу $s_2$, воспользовавшись уравнением (3.10).

b). Определить радиус $\rho$ по формуле (3.6) или (3.9).

c). Найти координаты центра $C_s$

$$\xi_{0s} = s_1 + \rho \cdot U_1(s_1), \qquad \eta_{0s} = Y_1(s_1) - \rho \cdot \sqrt{1 - U_1(s_1)^2}.$$

d). Построить окружность $C_s$ по ее уравнению в параметрическом виде:

$$\begin{cases} \xi_s(\theta) = \xi_{0s} + \rho \cdot \cos\theta, \\ \eta_s(\theta) = \eta_{0s} + \rho \cdot \sin\theta, \end{cases}$$

где $\theta \in [0, 2\pi]$ – независимая переменная.

## 3. Линия изгиба $l_c$.

**Определение 4**: Линия изгиба образована множеством точек – центров, вписанных в профиль окружностей.

Линия изгиба – важнейшая характеристика профиля крыла. В Методе математического моделирования линия изгиба строится по завершении решения задачи. Получим ее уравнение. Для этого впишем в профиль окружность $C$.

Обозначим $c$ и $d$ – абсциссы точек касания $C$ с $\Gamma_{upper}$ и $\Gamma_{lower}$ профиля, тогда

$$H(c,d) = d - c + \frac{U_2(d) + U_1(c)}{\sqrt{1 - U_2(d)^2} + \sqrt{1 - U_1(c)^2}}[Y_2(d) - Y_1(c)] = 0. \qquad (3.11)$$

Параметрическое уравнение $l_c$ имеет вид:

$$\begin{cases} x_c(c) = c + \rho_c(c,d) \cdot U_1(c), \\ y_c(c) = Y_1(c) - \rho_c(c,d) \cdot \sqrt{1 - U_1(c)^2}, \end{cases} \qquad (3.12)$$

где $c$ – независимая переменная, $c \in [0,1]$;

$\rho_c(c,d)$ - радиус окружности $C$ определяется по формуле

$$\rho_c(c,d) = -\frac{Y_2(d) - Y_1(c)}{\sqrt{1 - U_2(d)^2} + \sqrt{1 - U_1(c)^2}}, \qquad (3.13)$$

абсцисса $d = d(c)$ находится из уравнения (3.11).

В решенных задачах A и B уравнения (3.11) и (3.12) с успехом были использованы при расчете координат точек линий изгиба профилей.

*Замечание:* Если $c = 0$, то $\rho_c(c) = r$, $x_c(c) = r$.


## 4. Линия радиусов $l_\rho$.

Эта линия представляет зависимость радиусов вписанных окружностей по длине профиля. Ее уравнением является

$$\begin{cases} \rho = \rho_c(c), \\ x = x_c(c), \end{cases} \quad \text{где } c \in [0,1]. \qquad (3.14)$$

## 5. Окружность $C_R$.

Обозначим $C_R$ вписанную в профиль окружность максимального радиуса $R$, $(\xi_{0R}, \eta_{0R})$ – координаты ее центра. Условием, определяющим положение $C_R$, является равенство углов наклона касательных $\gamma_1$ и $\gamma_2$, проведенных в точках $E_1$ и $E_2$, как показано на рисунке 11. Решая систему уравнений

$$H(e_1, e_2) = 0, \qquad U_1(e_1) - U_2(e_2) = 0, \qquad (3.15)$$

находим абсциссы $e_1$ и $e_2$. Запишем уравнение $C_R$

$$\begin{cases} \xi_R(\theta) = \xi_{0R} + R\cos\theta, \\ \eta_R(\theta) = \eta_{0R} + R\sin\theta, \end{cases}$$

где $\xi_{0R} = x_c(e_1)$, $\eta_{0R} = y_c(e_1)$, $R = \rho_c(e_1)$.

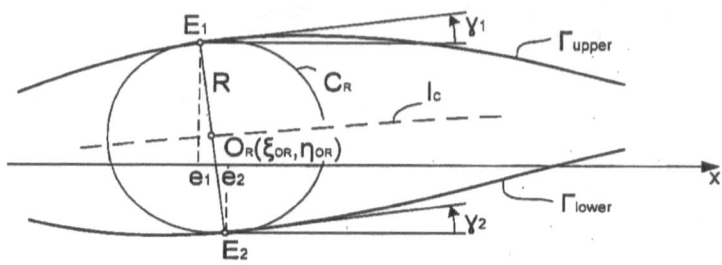

Рис.11. Окружность $C_R$.

## 6. Углы $\beta_1$ и $\beta_2$.

Углы наклона касательных к $\Gamma_{upper}$ и $\Gamma_{lower}$ в точке $B$ находятся по формулам

$$\beta_1 = \arcsin U_1(1), \quad \beta_2 = \arcsin U_2(1).$$

## 7. Касательная к $l_c$, проведенная в точке $O_s$.

Угол наклона касательной к $l_c$ определяется формулой

$$\alpha(c) = \frac{1}{2}\left[\arcsin U_1(c) + \arcsin U_2(d)\right], \tag{3.16}$$

где $d = d(c)$ находится из (3.11). Если $c = s_1$, $d = s_2$, то уравнение касательной имеет вид:

$$y_s(x_s) = \eta_{0s} + (x_s - \xi_{0s}) \cdot tg\alpha_s, \tag{3.17}$$

$(\xi_{0s}, \eta_{0s})$ – координаты центра окружности $C_s$. Угол $\alpha_s$ находится по формуле (3.16), $\alpha_s = \alpha(s_1)$.

## 8. Изгиб профиля $h$.

Под изгибом $h$ понимаем максимальное значение ординаты линии $l_c$. Условием, определяющим положение изгиба $h$, является

$$\alpha_h(x_h) = \frac{1}{2}\left[\arcsin U_1(x_h) + \arcsin U_2(x_h)\right] = 0. \tag{3.18}$$

Решая это уравнение, находим $x_h$, тогда $h = y_c(x_h)$.

## 9. Модификация профиля, вызвання смещением точек $O$ и/или $B$.

Под модификацией будем понимать такое преобразование профиля, которое изменяет Схему моделирования.

Постановка задачи А предполагает, что носовая точка профиля совпадает с началом координат $x0y$, а хвостовая точка $B$ имеет координаты $(1,0)$, то есть $y_0 = y_B = 0$.

Введем два параметра $h_0$ и $h_1$, геометрический смысл которых понятен из рисунков 12 и 13. Зададим этим параметрам некоторые значения. Нетрудно показать, что в этом случае системы уравнений (А.28), (А.29) для определения неизвестных $s_1, \beta_1$ и $x_p, s_2, \beta_2$ имеют вид:

$$\begin{cases} h_0 + y_3(x_M, \Phi_1) - y_M = 0, \\ h_0 + y_3(1, \Phi_1) - h_1 = 0, \end{cases} \tag{3.19}$$

$$\begin{cases} h_0 + y_4(x_m, \Phi_2) - y_m = 0, \\ h_0 + y_4(1, \Phi_2) - h_1 = 0, \\ H(\Phi_2) = 0. \end{cases} \tag{3.20}$$

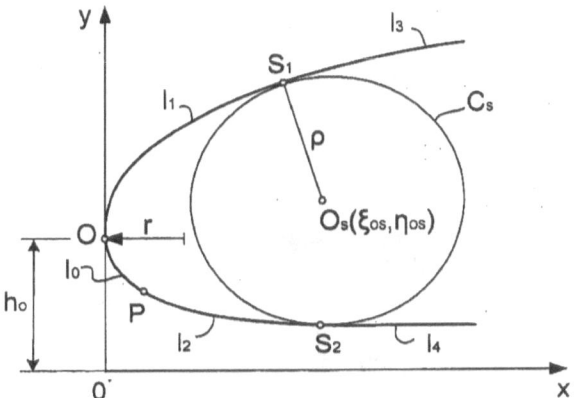

Рис.12. Иллюстрация параметра $h_0$.

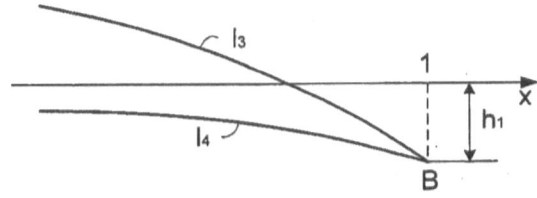

Рис.13. Иллюстрация параметра $h_1$.

В заключение отметим, все рассмотренные в этом параграфе свойства справедливы для профилей крыльев, генерируемых не только в задачах A и B, но и во всех последующих задачах, которые нам предстоит решить.

## 3.2. Программа "Properties".

Эта программа позволяет рассчитать характеристики, отражающие свойства профиля. Программа содержит 9 разделов и предполагает, что главные функции профиля получены с помощью программы A.

| Раздел | Содержание |
|---|---|
| 1 | Площадь $\omega$ и координаты центра масс $x_g, y_g$. |
| 2 | Окружность $C_s$. |
| 3 | Линия изгиба $l_c$. |
| 4 | График распределения радиусов, вписанных в профиль окружностей $l_\rho$. |
| 5 | Окружность максимального радиуса $C_R$. |
| 6 | Углы $\beta_1$ и $\beta_2$. |
| 7 | Касательная к линии $l_c$, проходящая через центр окружности $C_s$. |
| 8 | Изгиб профиля $h$. |
| 9 | Модификация профиля, вызванная смещением точек $O$ и $B$. |

Разделы программы соответствуют теоретическим разделам параграфа 3.1.

## PROGRAM "Properties"

**Parameters:**     $r = 0.01$    $xM = 0.35$    $yM = 0.15$    $xm = 0.4$    $ym = 0.05$

**Upper Surface**     $\varepsilon := 10^{-4}$    $\mu 1(s1) := xM^3 - (xM - s1)^3$    $v1(s1) := 1 - (1 - s1)^3$

$$A1 := -1 + \frac{xM}{r} \qquad B1(\beta 1) := -1 + \frac{1}{r} + \sin(\beta 1)$$

$$d1(s1,\beta 1) := \frac{A1 - B1(\beta 1) \cdot xM^2}{\mu 1(s1) - v1(s1) \cdot xM^2} \qquad c1(s1,\beta 1) = B1(\beta 1) - d1(s1,\beta 1) \cdot v1(s1)$$

**D3(L1)**     $u1(x,s1,\beta 1) := 1 - \dfrac{x}{r} + c1(s1,\beta 1) \cdot x^2 + d1(s1,\beta 1) \cdot x^3$

$$y1(x,s1,\beta 1) = \sqrt{(2 \cdot r - \varepsilon) \cdot \varepsilon} + \int_{\varepsilon}^{x} \frac{u1(x,s1,\beta 1)}{\sqrt{1 - u1(x,s1,\beta 1)^2}}\, dx$$

**D2(L3)**     $u3(x,s1,\beta 1) := u1(x,s1,\beta 1) - d1(s1,\beta 1) \cdot (x - s1)^3$

$$y3(x,s1,\beta 1) := y1(s1,s1,\beta 1) + \int_{s1}^{x} \frac{u3(x,s1,\beta 1)}{\sqrt{1 - u3(x,s1,\beta 1)^2}}\, dx$$

**Lower Surface**     $\lambda 2(xp) := \left(\dfrac{xm - xp}{1 - xp}\right)^2$    $\mu 2(xp,s2) = (xm - xp)^3 - (xm - s2)^3$

$$v2(xp,s2) = (1 - xp)^3 - (1 - s2)^3$$

$A2 := 1 - \dfrac{xm}{r}$    $B2(\beta 2) := 1 - \dfrac{1}{r} + \sin(\beta 2)$    $d2(xp,s2,\beta 2) := \dfrac{A2 - B2(\beta 2) \cdot \lambda 2(xp)}{\mu 2(xp,s2) - v2(xp,s2) \cdot \lambda 2(xp)}$

$$c2(xp,s2,\beta 2) := \frac{1}{(1 - xp)^2} \cdot (B2(\beta 2) - d2(xp,s2,\beta 2) \cdot v2(xp,s2))$$

**D1(L0)**     $y0(x) := -\sqrt{r^2 - (r - x)^2}$    $u0(x) = -1 + \dfrac{x}{r}$

**D3(L2)**     $u2(x,xp,s2,\beta 2) := -1 + \dfrac{x}{r} + c2(xp,s2,\beta 2) \cdot (x - xp)^2 + d2(xp,s2,\beta 2) \cdot (x - xp)^3$

$$y2(x,xp,s2,\beta 2) = y0(xp) + \int_{xp}^{x} \frac{u2(x,xp,s2,\beta 2)}{\sqrt{1 - u2(x,xp,s2,\beta 2)^2}}\, dx$$

**D2(L4)**     $u4(x,xp,s2,\beta 2) := u2(x,xp,s2,\beta 2) - d2(xp,s2,\beta 2) \cdot (x - s2)^3$

$$y4(x,xp,s2,\beta 2) := y2(s2,xp,s2,\beta 2) + \int_{s2}^{x} \frac{u4(x,xp,s2,\beta 2)}{\sqrt{1 - u4(x,xp,s2,\beta 2)^2}}\, dx$$

$\text{s1} := r \quad \beta1 := 0 \quad$ Given $\quad y3(xM, s1, \beta1) - yM = 0 \quad y3(1, s1, \beta1) = 0 \quad \begin{pmatrix} s1 \\ \beta1 \end{pmatrix} := \text{Find}(s1, \beta1)$

$\text{s1} = 0.00709 \quad \beta1 = -0.174 \quad \text{ys1} := y1(s1, s1, \beta1) \quad \text{us1} := u1(s1, s1, \beta1)$

$$H(xp, s2, \beta2) := s2 - s1 + \frac{u2(s2, xp, s2, \beta2) + \text{us1}}{\sqrt{1 - u2(s2, xp, s2, \beta2)^2} + \sqrt{1 - \text{us1}^2}} \cdot (y2(s2, xp, s2, \beta2) - \text{ys1})$$

$$xp := \varepsilon \quad s2 := r \quad \beta2 := 0 \qquad \begin{pmatrix} xp \\ s2 \\ \beta2 \end{pmatrix} := \text{Find}(xp, s2, \beta2)$$

Given $\quad y4(xm, xp, s2, \beta2) - ym = 0 \quad y4(1, xp, s2, \beta2) = 0 \quad H(xp, s2, \beta2) = 0$

$$\text{ys2} := y2(s2, xp, s2, \beta2)$$

**Main Functions** $\qquad \chi1(x, s1) := \begin{vmatrix} 0 & \text{if } x < s1 \\ 1 & \text{otherwise} \end{vmatrix} \qquad \chi2(x, s2) := \begin{vmatrix} 0 & \text{if } x < s2 \\ 1 & \text{otherwise} \end{vmatrix}$

$$Y1(x) := \begin{vmatrix} y1(x, s1, \beta1) & \text{if } 0 \leq x < s1 \\ y3(x, s1, \beta1) & \text{if } s1 \leq x < 1 \\ 0 & \text{if } x = 1 \end{vmatrix} \qquad Y2(x) := \begin{vmatrix} y0(x) & \text{if } 0 \leq x < xp \\ y2(x, xp, s2, \beta2) & \text{if } xp \leq x \leq s2 \\ y4(x, xp, s2, \beta2) & \text{if } s2 \leq x < 1 \\ 0 & \text{if } x = 1 \end{vmatrix}$$

$$U1(x) := u1(x, s1, \beta1) - d1(s1, \beta1) \cdot (x - s1)^3 \cdot \chi1(x, s1)$$

$$U2(x) := \begin{vmatrix} u0(x) & \text{if } 0 \leq x < xp \\ u2(x, xp, s2, \beta2) - d2(xp, s2, \beta2) \cdot (x - s2)^3 \cdot \chi2(x, s2) & \text{otherwise} \end{vmatrix}$$

## 1. Area ω and coordinates of center mass (xg, yg).

$$\omega := \int_0^1 (Y1(x) - Y2(x)) \, dx \qquad \omega = 0.0636$$

$$xg := \frac{1}{\omega} \int_0^1 x \cdot (Y1(x) - Y2(x)) \, dx \qquad xg = 0.403 \qquad \delta := 0.1 \qquad \omega\delta := \delta + \int_0^1 Y2(x) \, dx$$

$$y1g := \frac{1}{2 \cdot (\omega + \omega\delta)} \cdot \int_0^1 (Y1(x) + \delta)^2 \, dx \qquad y2g := \frac{1}{2 \cdot \omega\delta} \cdot \int_0^1 (Y2(x) + \delta)^2 \, dx$$

$$yg := \frac{y1g \cdot (\omega + \omega\delta) - y2g \cdot \omega\delta}{\omega} - \delta \qquad yg = 0.07693$$

## 2. Circle Cs

$$\rho := -\frac{Y2(s2) - Y1(s1)}{\sqrt{1 - U2(s2)^2} + \sqrt{1 - U1(s1)^2}} \qquad \rho = 0.0124$$

$$\xi os := s1 + \rho \cdot U1(s1) \qquad \xi os = 0.0164 \qquad \eta os := ys1 - \rho \cdot \sqrt{1 - U1(s1)^2} \qquad \eta os = 0.0045$$

$$\xi s(\theta) := \xi os + \rho \cdot \cos(\theta) \qquad \eta s(\theta) := \eta os + \rho \cdot \sin(\theta) \qquad \theta := 0, \frac{\pi}{50} .. 2 \cdot \pi$$

$$x := 0, 0.0002 .. 0.04$$

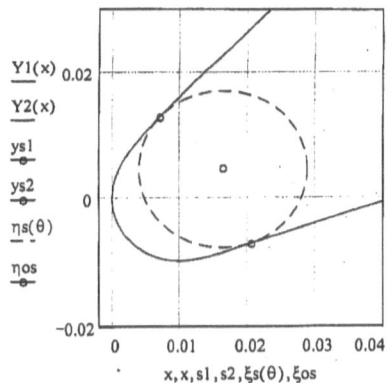

### 3. Camber line Ic

$$H(c,d) := d - c + \frac{U2(d) + U1(c)}{\sqrt{1 - U2(d)^2} + \sqrt{1 - U1(c)^2}} \cdot (Y2(d) - Y1(c))$$

$$TOL := 10^{-5} \qquad d := 3 \cdot r \qquad d(c) := root(H(c,d),d) \qquad pc(c) := -\frac{Y2(d(c)) - Y1(c)}{\sqrt{1 - U2(d(c))^2} + \sqrt{1 - U1(c)^2}}$$

$$TOL := 10^{-3}$$

$$xc(c) := \begin{vmatrix} c + pc(c) \cdot U1(c) & \text{if } 0 \le c < 1 \\ 1 & \text{if } c = 1 \end{vmatrix} \qquad yc(c) := \begin{vmatrix} Y1(c) - pc(c) \cdot \sqrt{1 - U1(c)^2} & \text{if } 0 \le c < 1 \\ 0 & \text{if } c = 1 \end{vmatrix}$$

$$x := 0, 0.001 .. 1 \qquad c := 0, 0.02 .. 1$$

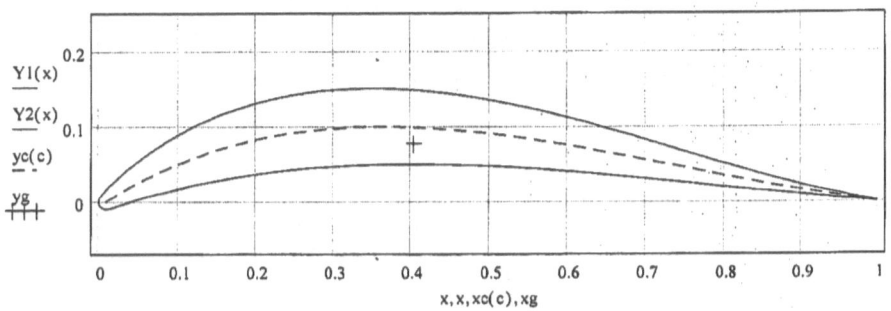

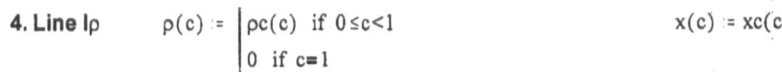

### 4. Line Ip

$$p(c) := \begin{vmatrix} pc(c) & \text{if } 0 \le c < 1 \\ 0 & \text{if } c = 1 \end{vmatrix} \qquad\qquad x(c) := xc(c)$$

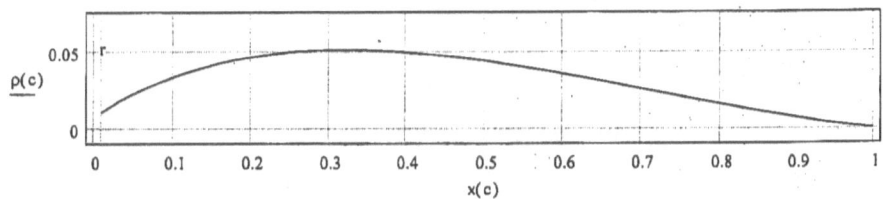

## 5. Circle CR

$$e2 := 3 \cdot r \quad\quad e2(e1) := root(H(e1,e2),e2) \quad\quad e1 := 0.3 \quad\quad e1 := root(U1(e1) - U2(e2(e1))),e1)$$

$$\xi oR := xc(e1) \quad\quad \xi oR = 0.321 \quad\quad \eta oR := yc(e1) \quad\quad \eta oR = 0.0987$$

$$R := \rho c(e1) \quad\quad R = 0.0506$$

$$\xi R(\theta) := \xi oR + R \cdot \cos(\theta) \quad\quad \eta R(\theta) := \eta oR + R \cdot \sin(\theta) \quad\quad x := 0, 0.001 .. 1$$

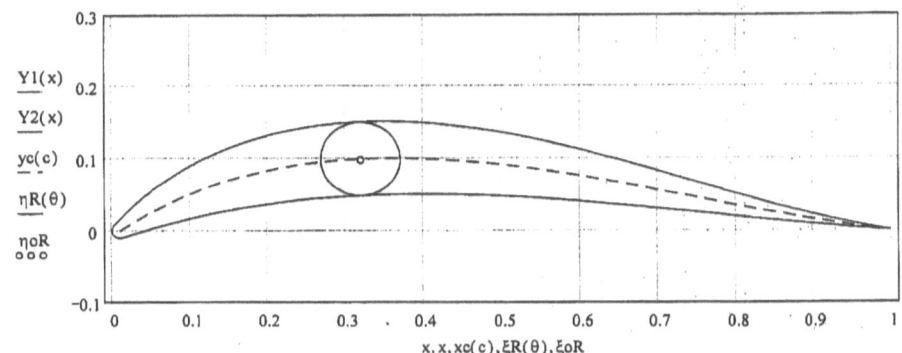

$$\frac{Y1(x)}{}\quad \frac{Y2(x)}{}\quad yc(c)\quad \eta R(\theta)\quad \underset{\circ\ \circ\ \circ}{\eta oR}$$

x, x, xc(c), ξR(θ), ξoR

## 6. Angles β1 and β2

$$\beta 1 := asin(U1(1)) \quad\quad \beta 1 = -0.174 \quad\quad \beta 2 := asin(U2(1)) \quad\quad \beta 2 = -0.0745$$

## 7. Tangent to Camber line in Point Os

$$\alpha s := \frac{1}{2} \cdot (asin(U1(s1)) + asin(U2(s2))) \quad\quad \alpha s = 0.592 \quad\quad ys(xs) := \eta os + (xs - \xi os) \cdot \tan(\alpha s)$$

$$xs := r, r + 0.01 .. r + 0.02$$

$$x := 0, 0.0002 .. 0.04 \quad\quad c := 0, 0.01 .. 0.05$$

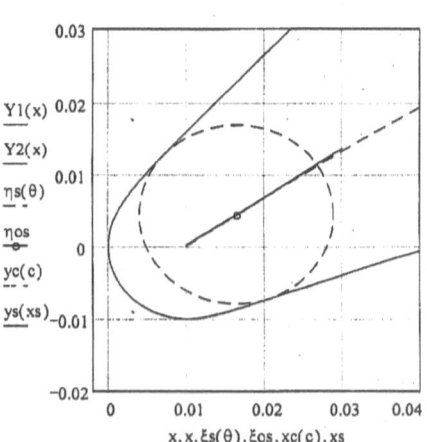

$$\frac{Y1(x)}{}\quad \frac{Y2(x)}{}\quad \eta s(\theta)\quad \underset{\bullet}{\eta os}\quad yc(c)\quad \underline{ys(xs)}$$

x, x, ξs(θ), ξos, xc(c), xs

## 8. Camber h

$$xh := 0.4 \quad\quad xh := root(asin(U1(xh)) + asin(U2(xh)),xh) \quad\quad xh = 0.365$$

$$h := yc(xh) \quad\quad h = 0.0997 \quad\quad yh := 0, \frac{h}{2} .. h$$

$$x := 0, 0.001 .. 1 \qquad c := 0, 0.05 .. 1$$

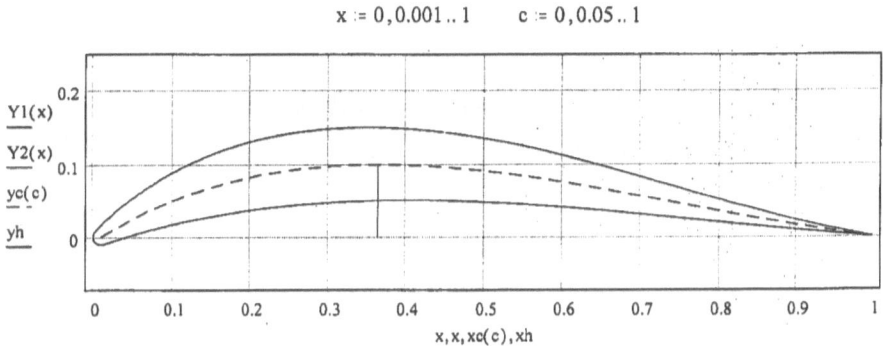

Y1(x)
Y2(x)
yc(c)
yh

$$x, x, xc(c), xh$$

## 9. Modification

**Parameters**

$$h0 := -0.02 \qquad h1 := 0.03$$

Given $\quad h0 + y3(xM, s1, \beta1) - yM = 0 \qquad h0 + y3(1, s1, \beta1) - h1 = 0$

$$\binom{s1}{\beta1} := Find(s1, \beta1) \qquad s1 = 0.00484 \qquad \beta1 = -0.026$$

$$ys1 := y1(s1, s1, \beta1) \qquad us1 := u1(s1, s1, \beta1)$$

$$H(xp, s2, \beta2) := s2 - s1 + \frac{u2(s2, xp, s2, \beta2) + us1}{\sqrt{1 - u2(s2, xp, s2, \beta2)^2} + \sqrt{1 - us1^2}} \cdot (y2(s2, xp, s2, \beta2) - ys1)$$

Given $\quad h0 + y4(xm, xp, s2, \beta2) - ym = 0 \qquad h0 + y4(1, xp, s2, \beta2) - h1 = 0 \qquad H(xp, s2, \beta2) = 0$

$$\begin{pmatrix} xp \\ s2 \\ \beta2 \end{pmatrix} := Find(xp, s2, \beta2) \qquad xp = 0.01185 \qquad s2 = 0.02003 \qquad \beta2 = 0.098$$

$$Y1(x) := \begin{vmatrix} y1(x, s1, \beta1) & if \ 0 \le x < s1 \\ y3(x, s1, \beta1) & if \ s1 \le x < 1 \end{vmatrix} \qquad Y1h(x) := \begin{vmatrix} h0 + Y1(x) & if \ 0 \le x < 1 \\ h1 & if \ x = 1 \end{vmatrix}$$

$$Y2(x) := \begin{vmatrix} y0(x) & if \ 0 \le x < xp \\ y2(x, xp, s2, \beta2) & if \ xp \le x \le s2 \\ y4(x, xp, s2, \beta2) & if \ s2 \le x < 1 \end{vmatrix} \qquad Y2h(x) := \begin{vmatrix} h0 + Y2(x) & if \ 0 \le x < 1 \\ h1 & if \ x = 1 \end{vmatrix}$$

$$x := 0, 0.001 .. 1$$

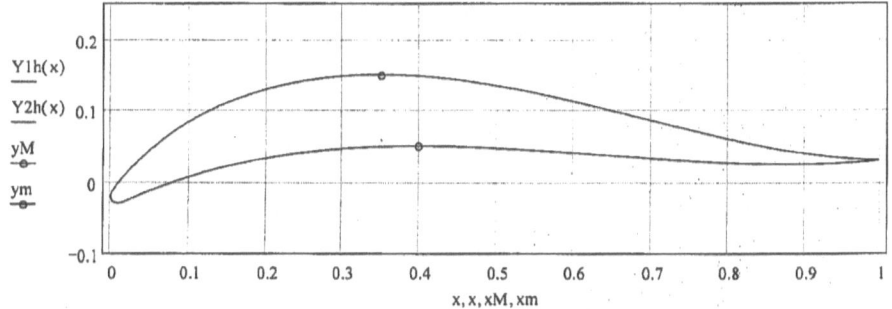

Y1h(x)
Y2h(x)
yM
ym

$$x, x, xM, xm$$

### 3.3. Сравнение Метода математического моделирования с Four-digit методом $NACA$.

Следуя Four-digit методу, содержание которого изложено в фундаментальной книге $[6]$, функция ординат контура крыла $\Gamma_{NACA}$ единичной длины имеет вид:

$$y(x) = \frac{h_{NACA}}{0.1} \cdot \varphi(x), \tag{3.21}$$

где $\varphi(x) = 0.2969\sqrt{x} - 0.1260 \cdot x - 0.3526 \cdot x^2 + 0.2843 \cdot x^3 - 0.1015 \cdot x^4$,

$(0.3, h_{NACA})$ – координаты экстремальной точки $N$;

$r_{NACA} = 4 \cdot 1.1019 \cdot (h_{NACA})^2$ – радиус в точке $0$.

Для $\Gamma_{NACA}$ могут быть вычислены:

$\beta_{NACA} = arctg\big(y'(1)\big)$ – угол наклона касательной в точке $B$,

$\delta = y(1)$ – ордината в этой точке.

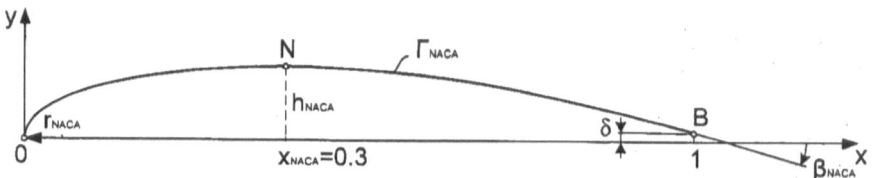

Рис.14. Контур $\Gamma_{NACA}$.

Выполним несложные математические операции,

$$w(x) = \sin(arctg(y'(x))), \tag{3.22}$$

$$\upsilon(x) = w'(x), \tag{3.23}$$

где $w(x)$ – аналог функции $u(x)$ и $\upsilon(x)$ – аналог функции $k(x)$ $D_n$ - кривой. Тогда $k_{NACA} = \upsilon(0.3)$, $k_{NACA}$ – кривизна в точке $N$.

*Задача.* Методом математического моделирования построить контур $\Gamma_D$, для которого заданы параметры:

$$r = r_{NACA}, \quad x_M = 0.3, \quad y_M = h_{NACA}, \quad k_M = k_{NACA}, \quad \beta = \beta_{NACA}.$$

Заметим, для $\Gamma_{NACA}$ значение $\delta \neq 0$. Однако включать $\delta$ в число параметров не целесообразно.

Представим $\Gamma_D$ состоящим из трех линий $l_1$, $l_2$ и $l_3$, как показано на рисунке 15. Моделируем $\Gamma_D$ составной кривой $D_3(l_1) \oplus D_3(l_2) \oplus D_3(l_3)$, для которой $D_3$- кривые срашиваются в точках $S(3)$ и $T(3)$. Положение точки $S$ на $\Gamma_D$ неизвестно, а значение абсциссы точки $T$ пологаем равной $0.75 \cdot x_M$.

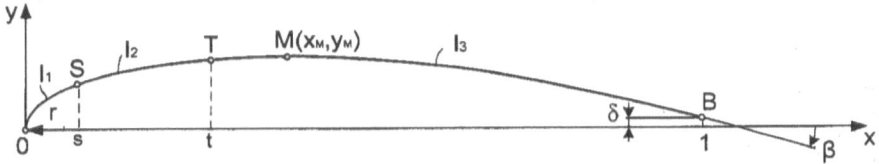

Рис.15. Контур $\Gamma_D$.

Граничные условия.

$$y_1(0) = 0, \quad u_1(0) = 1, \quad k_1(0) = -\frac{1}{r}, \qquad \text{(3.24) (3.25) (3.26)}$$

$$y_1(s) = y_2(s), \quad u_1(s) = u_2(s), \qquad \text{(3.27) (3.28)}$$

$$k_1(s) = k_2(s), \quad g_1(s) = g_2(s), \qquad \text{(3.29) (3.30)}$$

$$y_2(t) = y_3(t), \quad u_2(t) = u_3(t), \qquad \text{(3.31) (3.32)}$$

$$k_2(t) = k_3(t), \quad g_2(t) = g_3(t), \qquad \text{(3.33) (3.34)}$$

$$y_3(x_M) = y_M, \quad u_3(x_M) = 0, \quad k_3(x_M) = k_M, \qquad \text{(3.35) (3.36) (3.37)}$$

$$y_3(1) = \delta, \quad u_3(1) = \sin\beta. \qquad \text{(3.38) (3.39)}$$

Решение задачи.

$$D_3(l_3): \quad y_3(x) = y_M + \int\limits_{x_M}^{x} \frac{u_3(x)}{\sqrt{1 - u_3(x)^2}}\,dx, \quad x \in [t,1],$$

$$u_3(x) = k_M(x - x_M) + c_3(x - x_M)^2 + d_3(x - x_M)^3,$$

$$k_3(x) = k_M + 2 \cdot c_3(x - x_M) + 3 \cdot d_3(x - x_M)^2,$$

$$g_3(x) = 2 \cdot c_3 + 6 \cdot d_3(x - x_M),$$

где учтены условия (3.35) – (3.37). Воспользуемся (3.38) и (3.39), тогда

$$d_3 = d_3(c_3) = \frac{1}{(1 - x_M)^3}\left[\sin\beta - k_M(1 - x_M) - c_3(1 - x_M)^2\right].$$

Коэффициент $c_3$ находим из уравнения

$$y_3(1, c_3) - \delta = 0.$$

Вычисляем значения функций кривой $D_3(l_3)$ в точке $T$.

$$y_t = y_3(t), \quad k_t = k_3(t), \quad u_t = u_3(t), \quad g_t = g_3(t).$$

$$D_3(l_1): \quad y_1(x) = \sqrt{(2 \cdot r - \varepsilon) \cdot \varepsilon} + \int_{\varepsilon}^{x} \frac{u_1(x)}{\sqrt{1 - u_1(x)^2}}\, dx, \quad x \in [0, s],$$

$$u_1(x) = 1 - \frac{x}{r} + c_1 x^2 + d_1 x^3, \qquad k_1(x) = -\frac{1}{r} + 2 \cdot c_1 x + 3 \cdot d_1 x^2,$$

$$g_1(x) = 2 \cdot c_1 + 6 \cdot d_1 x,$$

где учтены условия (3.24) – (3.26).

Воспользовавшись (3.27) – (3.30), а также формулой (1.24), получим

$$D_3(l_2): \quad y_2(x) = y_1(s) + \int_{s}^{x} \frac{u_2(x)}{\sqrt{1 - u_2(x)^2}}\, dx, \quad x \in [s, t],$$

$$u_2(x) = u_1(x) - d_{12}(x - s)^3, \qquad k_2(x) = k_1(x) - 3 \cdot d_{12}(x - s)^2,$$

$$g_2(x) = g_1(x) - 6 \cdot d_{12}(x - s),$$

Неизвестными являются $c_1, d_1, d_{12}$. Выразим эти коэффициенты в зависимости от абсциссы $s$. Для этого решим систему уравнений

$$\begin{cases} 1 - \dfrac{t}{r} + c_1 t^2 + d_1 t^3 - d_{12}(t - s)^3 = u_t, \\[2mm] -\dfrac{1}{r} + 2 \cdot c_1 t + 3 \cdot d_1 t^2 - 3 \cdot d_{12}(t - s)^2 = k_t, \\[2mm] c_1 + 3 \cdot d_1 t - 3 \cdot d_{12}(t - s) = \dfrac{g_t}{2}, \end{cases}$$

которая получена на основании (3.32) – (3.34).

$$c_1 = c_1(s) = \frac{1}{t \cdot s^2}(3 \cdot A \cdot s + B \cdot (t - s)^2 - C(s) \cdot t^2),$$

$$d_1 = d_1(s) = \frac{1}{3 \cdot s \cdot t}(C(s) - c_1(s) \cdot (s + t)),$$

$$d_{12} = d_{12}(s) = \frac{1}{3 \cdot (t - s) \cdot s}(B - c_1(s) \cdot t),$$

где $\quad A = -1 + \dfrac{t}{r} + u_t, \quad B = \dfrac{1}{r} + k_t - \dfrac{g_t}{2}t, \quad C(s) = B + \dfrac{g_t \cdot s}{2}.$

Условие (3.31) дает уравнение для определения абсциссы $s$,

$$y_2(t, s) - y_t = 0.$$

Главные функции контура $\Gamma_D$ имеют вид:

$$
Y(x) = \begin{vmatrix} y_1(x,s), x \in [0,s), \\ y_2(x,s), x \in [s,t), \\ y_3(x,c_3), x \in [t,1], \end{vmatrix} \qquad U(x) = \begin{vmatrix} u_1(x,s), x \in [0,s), \\ u_2(x,s), x \in [s,t), \\ u_3(x,c_3), x \in [t,1], \end{vmatrix}
$$

$$
K(x) = \begin{vmatrix} k_1(x,s), x \in [0,s), \\ k_2(x,s), x \in [s,t), \\ k_3(x,c_3), x \in [t,1]. \end{vmatrix}
$$

*Замечание:* При решении задачи для кривой $D_3(l_3)$ учтено свойство 9, сформулированное в 1.2.

## 3.4. Программа $D - NACA$.

Программа содержит 5 разделов, позволяет рассчитать контуры $\Gamma_D$ и $\Gamma_{NACA}$, а также сравнить графики функций $w(x)$ и $U(x)$, $\upsilon(x)$ и $K(x)$. Эти графики построены в разделах 4 и 5.

На этом заканчиваем изучение свойств профилей крыльев, моделируемых $D_n$ - кривыми, и продолжаем решать новые задачи.

### Program D - NACA

**1. NACA Contour**      $\phi(x) := 0.2969 \cdot \sqrt{x} - 0.1260 \cdot x - 0.3516 \cdot x^2 + 0.2843 \cdot x^3 - 0.1015 \cdot x^4$

$NACA := 1$      $xM_{NACA} = 0.3$      $h_{NACA} = 0.1$      $y(x) := \dfrac{h_{NACA}}{0.1} \cdot \phi(x)$      $\delta := y(1)$

$f(x) := \dfrac{d}{dx} y(x)$      $w(x) := \sin(\operatorname{atan}(f(x)))$      $\upsilon(x) := \dfrac{d}{dx} w(x)$      $g(x) := \dfrac{d}{dx} \upsilon(x)$

$r_{NACA} := 4 \cdot 1.1019 \cdot \left(h_{NACA}\right)^2$      $r_{NACA} = 0.0441$      $kM_{NACA} := \upsilon\left(xM_{NACA}\right)$      $kM_{NACA} = -0.753$

$\beta_{NACA} := \operatorname{atan}(f(1))$      $\beta_{NACA} = -0.2297$

**2. D-Contour**

**Parameters:**   $r := r_{NACA}$      $xM := xM_{NACA}$      $yM := h_{NACA}$      $kM := kM_{NACA}$      $\beta := \beta_{NACA}$

**D3(L3)**          $d3(c3) := \dfrac{1}{(1 - xM)^3} \cdot \left[\sin(\beta) - kM \cdot (1 - xM) - c3 \cdot (1 - xM)^2\right]$

$u3(x,c3) := kM \cdot (x - xM) + c3 \cdot (x - xM)^2 + d3(c3) \cdot (x - xM)^3$

$k3(x,c3) := kM + 2 \cdot c3 \cdot (x - xM) + 3 \cdot d3(c3) \cdot (x - xM)^2$

$g3(x,c3) := 2 \cdot c3 + 6 \cdot d3(c3) \cdot (x - xM)$

$y3(x,c3) := yM + \displaystyle\int_{xM}^{x} \dfrac{u3(x,c3)}{\sqrt{1 - u3(x,c3)^2}}\, dx$

$c3 := g(xM)$   $c3 := \operatorname{root}(y3(1,c3) - \delta, c3)$   $c3 = 1.216$   $c3 := \operatorname{root}(y3(1,c3) - \delta, c3)$   $c3 = 1.244$

$t := \dfrac{3 \cdot xM}{4}$      $yt := y3(t,c3)$      $ut := u3(t,c3)$      $kt := k3(t,c3)$      $gt := g3(t,c3)$

$A := -1 + \dfrac{t}{r} + ut$      $B := \dfrac{1}{r} + kt - \dfrac{gt}{2} \cdot t$      $C(s) := B + \dfrac{gt}{2} \cdot s$

$c1(s) := \dfrac{1}{t \cdot s^2} \cdot \left[3 \cdot A \cdot s + B \cdot (t - s)^2 - C(s) \cdot t^2\right]$      $d1(s) := \dfrac{1}{3 \cdot s \cdot t} \cdot (C(s) - c1(s) \cdot (s + t))$

$d12(s) := \dfrac{1}{3 \cdot (t - s) \cdot s} \cdot (B - c1(s) \cdot t)$

**D3(L1)**      $u1(x,s) := 1 - \dfrac{x}{r} + c1(s) \cdot x^2 + d1(s) \cdot x^3$      $k1(x,s) := -\dfrac{1}{r} + 2 \cdot c1(s) \cdot x + 3 \cdot d1(s) \cdot x^2$

$\varepsilon := 10^{-4}$      $y1(x,s) := \sqrt{(2 \cdot r - \varepsilon) \cdot \varepsilon} + \displaystyle\int_{\varepsilon}^{x} \dfrac{u1(x,s)}{\sqrt{1 - u1(x,s)^2}}\, dx$

**D3(L2)**      $u2(x,s) := 1 - \dfrac{x}{r} + c1(s) \cdot x^2 + d1(s) \cdot x^3 - d12(s) \cdot (x - s)^3$

$$k2(x,s) := -\frac{1}{r} + 2 \cdot c1(s) \cdot x + 3 \cdot d1(s) \cdot x^2 - 3 \cdot d12(s) \cdot (x - s)^2$$

$$y2(x,s) := y1(s,s) + \int_{s}^{x} \frac{u2(x,s)}{\sqrt{1 - u2(x,s)^2}} \, dx$$

$s := \dfrac{r}{2}$     $s = \text{root}(y2(t,s) - yt, s)$     $s = 0.0478$     $s = \text{root}(y2(t,s) - yt, s)$     $s = 0.0487$

## 3. Main Functions

$Y(x) := \begin{cases} y1(x,s) & \text{if } 0 \leq x < s \\ y2(x,s) & \text{if } s \leq x \leq t \\ y3(x,c3) & \text{if } t \leq x < 1 \\ \delta & \text{if } x = 1 \end{cases}$     $U(x) = \begin{cases} u1(x,s) & \text{if } 0 \leq x < s \\ u2(x,s) & \text{if } s \leq x \leq t \\ u3(x,c3) & \text{if } t \leq x < 1 \\ \sin(\beta) & \text{if } x = 1 \end{cases}$     $K(x) := \begin{cases} k1(x,s) & \text{if } 0 \leq x < s \\ k2(x,s) & \text{if } s \leq x \leq t \\ k3(x,c3) & \text{if } t \leq x < 1 \\ k3(1,c3) & \text{if } x = 1 \end{cases}$

## 4. Graphs D and NACA Contours

$x := 0, 0.002 .. 1$     $x1 := 0, 0.05 .. 1$

-------------- D Contour          --x------x------x-- NACA Contour

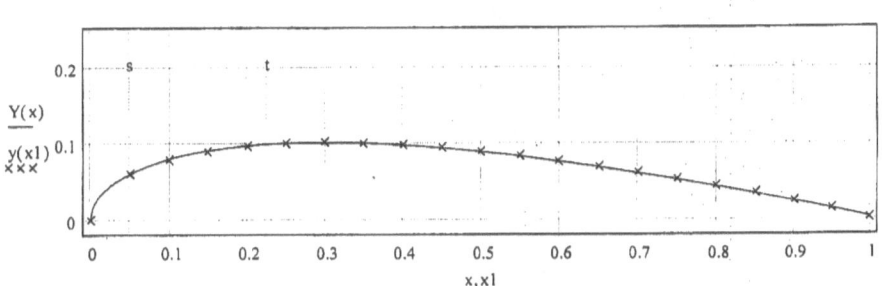

## 5. Functions U(x), K(x)

$$x1 := \varepsilon, \varepsilon + \frac{1 - \varepsilon}{20} .. 1$$

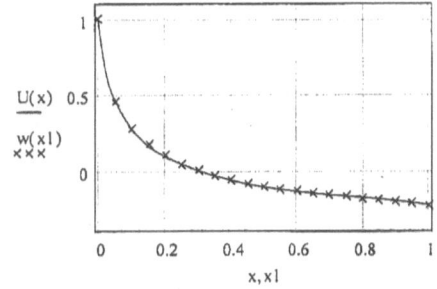

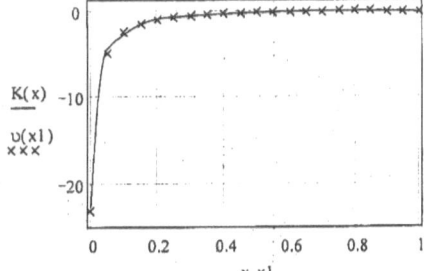

## Глава 4.Математическое моделирование профилей крыльев, серия C-D.

Вариация формы профилей серии C-D достигается за счет изменения радиуса и положения вписанной в профиль окружности, Задача С; либо за счет изменения радиуса, положения этой окружности и углов в хвостике профиля, Задача D. Задачи C-D генерируют профили, для которых указанная окружность имеет максимальный радиус.

### 4.1. Задача С. Профили, для которых заданы параметры: $r, R, \xi_{0R}, \eta_{0R}$.

### 4.1.1. Постановка и решение задачи С.

Изобразим на Схеме моделирования С эскиз профиля крыла и обозначим окружность $C_R$. В соответствии со свойством 5, которое рассмотрено в 3.1, $C_R$ является окружностью максимального радиуса, если ее центр и точки касания с профилем расположены на одной прямой линии. Эта прямая имеет угол наклона к оси $0y - \psi$. Определим $\psi$ из условия:

$$L(\psi) \to \min, \quad \psi \to \psi_{opt}, \qquad (\text{С.1})$$

где $L$ – сумма длин верхнего и нижнего контуров профиля. Вычислим $L_i$ для нескольких значений $\psi_i$, затем построим зависимость $L = L(\psi)$. Найдем $\psi_{opt}$, как показано на рисунке 16, где угол $\psi_{opt}$ доставляет минимум длины $L(\psi)$.

Запишем формулы координат точек касания.

$$E_1 : e_1(\psi) = \xi_{0R} - R \cdot \sin\psi, \qquad ye_1(\psi) = \eta_{0R} + R \cdot \cos\psi,$$
$$E_2 : e_2(\psi) = \xi_{0R} + R \cdot \sin\psi, \qquad ye_2(\psi) = \eta_{0R} - R \cdot \cos\psi,$$

где $R, (\xi_{0R}, \eta_{0R})$ – радиус и координаты центра окружности $C_R$. Составные кривые верхнего и нижнего контуров профиля, а также порядок сращивания $D_n$ – кривых в точках указан на Схеме моделирования С.

## Схема моделирования С

1. Эскиз профиля крыла.

   Заданы параметры: $r, R, \xi_{0R}, \eta_{0R}.$

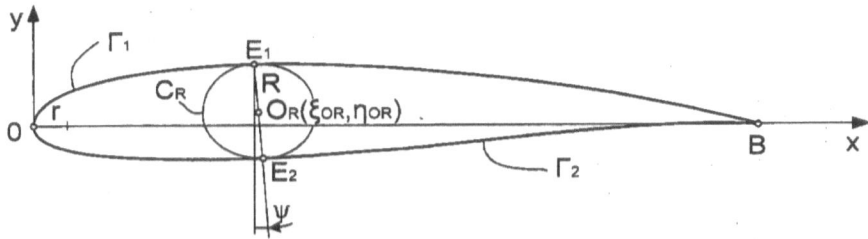

Линии профиля и точки сращивания

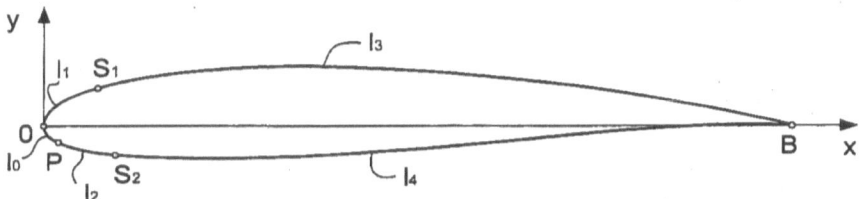

2. Моделирование профиля крыла

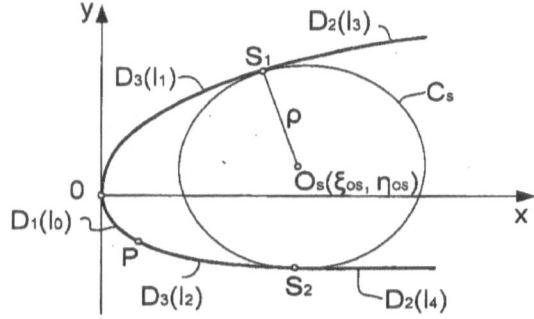

Составные кривые:

Верхний контур $\Gamma_{upper} : D_3(l_1) \oplus D_2(l_3);$

Нижний контур $\Gamma_{lower} : D_1(l_0) \oplus D_3(l_2) \oplus D_2(l_4).$

Порядок сращивания кривых в точках:

$$O(2), P(2), S_1(3), S_2(3), B(0)$$

Интегральное условие:

$$L(\psi) \to \min, \quad \psi \to \psi_{opt},$$

$\psi_{opt}$ – оптимальное значение угла $\psi$.

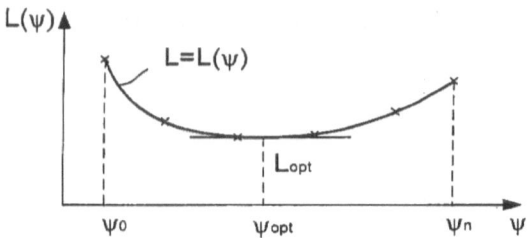

Рис.16. График зависимости $L = L(\psi)$.

Граничные условия.
Верхний контур:

$$y_1(0) = 0, \quad u_1(0) = 1, \quad k_1(0) = -\frac{1}{r}, \qquad \text{(C.2) (C.3) (C.4)}$$

$$y_1(s_1) = y_3(s_1), \quad u_1(s_1) = u_3(s_1), \qquad \text{(C.5) (C.6)}$$

$$k_1(s_1) = k_3(s_1), \quad g_1(s_1) = g_3(s_1), \qquad \text{(C.7) (C.8)}$$

$$y_3\big[e_1(\psi)\big] = ye_1(\psi), \quad u_3\big[e_1(\psi)\big] = \sin\psi, \qquad \text{(C.9) (C.10)}$$

$$y_3(1) = 0. \qquad \text{(C.11)}$$

Нижний контур:

$$y_0(0) = 0, \quad u_0(0) = -1, \quad k_0 = \frac{1}{r}, \qquad \text{(C.12) (C.13) (C.14)}$$

$$y_0(x_p) = y_2(x_p), \quad u_0(x_p) = u_2(x_p), \qquad \text{(C.15) (C.16)}$$

$$\frac{1}{r} = k_2(x_p), \qquad \text{(C.17)}$$

$$y_2(s_2) = y_4(s_2), \quad u_2(s_2) = u_4(s_2), \qquad \text{(C.18) (C.19)}$$

$$k_2(s_2) = k_4(s_2), \quad g_2(s_2) = g_4(s_2), \qquad \text{(C.20) (C.21)}$$

$$y_4\big[e_2(\psi)\big] = ye_2(\psi), \quad u_4\big[e_2(\psi)\big] = \sin\psi, \qquad \text{(C.22) (C.23)}$$

$$y_4(1) = 0. \qquad \text{(C.24)}$$

Решение задачи.
Функции кривых верхнего контура:

$$D_3(l_1): \quad y_1(x) = \sqrt{(2 \cdot r - \varepsilon) \cdot \varepsilon} + \int_{\varepsilon}^{x} \frac{u_1(x)}{\sqrt{1 - u_1(x)^2}}\, dx, \quad x \in \big[0, s_1\big],$$

$$u_1(x) = 1 - \frac{x}{r} + c_1 x^2 + d_1 x^3.$$

$$D_2(l_3): \quad y_3(x) = y_1(s_1) + \int_{s_1}^{x} \frac{u_3(x)}{\sqrt{1 - u_3(x)^2}}\, dx, \quad x \in \big[s_1, 1\big],$$

$$u_3(x) = u_1(x) - d_1(x - s_1)^3,$$

где учтены условия (C.2) – (C.8). Введем угол $\beta_1$, который считаем неизвестным. Воспользуемся условием (C.10), а также $u_3(1) = \sin\beta_1$, тогда

$$\begin{cases} 1 - \dfrac{e_1(\psi)}{r} + c_1 \cdot e_1(\psi)^2 + d_1 \cdot \left\{ e_1(\psi)^3 - \left[ e_1(\psi) - s_1 \right]^3 \right\} = \sin\psi, \\[3mm] 1 - \dfrac{1}{r} + c_1 + d_1 \left[ 1 - (1 - s_1)^3 \right] = \sin\beta_1. \end{cases}$$

Решая эту систему уравнений, получим

$$d_1 = d_1(\Phi_1, \psi) = \frac{A_1(\psi) - B_1(\beta_1) \cdot e_1(\psi)^2}{\mu_1(s_1, \psi) - \nu_1(s_1) \cdot e_1(\psi)^2},$$

$$c_1 = c_1(\Phi_1, \psi) = B_1(\beta_1) - d_1(\Phi_1, \psi) \cdot \nu_1(s_1),$$

где $\qquad A_1(\psi) = -1 + \dfrac{e_1(\psi)}{r} + \sin\psi, \qquad B_1(\beta_1) = -1 + \dfrac{1}{r} + \sin\beta_1,$

$$\mu_1(s_1, \psi) = e_1(\psi)^3 - \left[ e_1(\psi) - s_1 \right]^3, \quad \nu_1(s_1) = 1 - (1 - s_1)^3, \quad \Phi_1 = \left\{ s_1, \beta_1 \right\}.$$

Функции кривых нижнего контура имеют вид:

$$D_1(l_0): \quad y_0(x) = -\sqrt{r^2 - (r - x)^2}, \quad u_0(x) = -1 + \frac{x}{r}, \quad x \in \left[ 0, x_p \right].$$

$$D_3(l_2): \quad y_2(x) = y_0(x_p) + \int_{x_p}^{x} \frac{u_2(x)}{\sqrt{1 - u_2(x)^2}} dx, \quad x \in \left[ x_p, s_2 \right],$$

$$u_2(x) = -1 + \frac{x}{r} + c_2(x - x_p)^2 + d_2(x - x_p)^3.$$

$$D_2(l_4): \quad y_4(x) = y_2(s_2) + \int_{s_2}^{x} \frac{u_4(x)}{\sqrt{1 - u_4(x)^2}} dx, \quad x \in [s_2, 1],$$

$$u_4(x) = u_2(x) - d_2(x - s_2)^3.$$

где учтены условия (C.12) – (C.21). Введем угол $\beta_2$, затем воспользуемся условием (C.23) и $u_4(1) = \sin\beta_2$, тогда

$$\begin{cases} -1 + \dfrac{e_2(\psi)}{r} + c_2 \cdot \left[ e_2(\psi) - x_p \right]^2 + d_2 \cdot \left\{ \left[ e_2(\psi) - x_p \right]^3 - \left[ e_2(\psi) - s_2 \right]^3 \right\} = \sin\psi, \\[3mm] -1 + \dfrac{1}{r} + c_2 \cdot (1 - x_p)^2 + d_2 \cdot \left[ (1 - x_p)^3 - (1 - s_2)^3 \right] = \sin\beta_2. \end{cases}$$

Решая эту систему уравнений, получим

$$d_2 = d_2(\Phi_2, \psi) = \frac{A_2(\psi) - B_2(\beta_2) \cdot \lambda(x_p, \psi)}{\mu_2(x_p, s_2, \psi) - v_2(x_p, s_2) \cdot \lambda(x_p, \psi)},$$

$$c_2 = c_2(\Phi_2, \psi) = \frac{1}{(1-x_p)^2}\left(B_2(\beta_2) - d_2(\Phi_2, \psi) \cdot v_2(x_p, s_2)\right),$$

где

$$A_2(\psi) = 1 - \frac{e_2(\psi)}{r} + \sin\psi, \quad B_2(\beta_2) = 1 - \frac{1}{r} + \sin\beta_2,$$

$$\mu_2(x_p, s_2, \psi) = \left[e_2(\psi) - x_p\right]^3 - \left[e_2(\psi) - s_2\right]^3,$$

$$v_2(x_p, s_2) = (1-x_p)^3 - (1-s_2)^3,$$

$$\lambda_2(x_p, \psi) = \left(\frac{e_2(\psi) - x_p}{1-x_p}\right)^2, \quad \Phi_2 = \{x_p, s_2, \beta_2\}.$$

Неизвестными задачи являются: $x_p, s_1, s_2, \beta_1, \beta_2, \psi$.

Пусть $\psi = \Delta\psi \cdot i, \ i = 0, 1 \ldots n$.

1). Условия (С.9) и (С.11) позволяют записать

$$y_3\left[e_1(\psi), \Phi_1, \psi\right] - ye_1(\psi) = 0, \quad y_3(1, \Phi_1, \psi) = 0,$$

решая эти уравнения, находим $s_1, \beta_1$.

2). Для определения неизвестных нижнего контура воспользуемся условиями (С.22) и (С.24), которые дают

$$y_4\left[e_2(\psi), \Phi_2, \psi\right] - ye_2(\psi) = 0, \quad y_4(1, \Phi_2, \psi) = 0.$$

Решая эти уравнения совместно с уравнением

$$H(\Phi_2, \psi) = s_2 - s_1 +$$

$$+ \frac{u_2(s_2, \Phi_2, \psi) + us_1}{\sqrt{1 - u_2(s_2, \Phi_2, \psi)^2} + \sqrt{1 - us_1^2}}\left[y_2(s_2, \Phi_2, \psi) - ys_1\right] = 0,$$

где $ys_1 = y_1(s_1)$, $us_1 = u_1(s_1)$, находим $x_p, s_2, \beta_2$.

3). Длину профиля для каждого $\psi$ вычисляем по формуле

$$L = \int_0^1 \left[F_1(x) + F_2(x)\right]dx,$$

где $\quad F_1(x) = \dfrac{1}{\sqrt{1 - U_1(x)^2}}, \quad U_1(x) = \begin{vmatrix} u_1(x, \Phi_1, \psi), x \in [0, s_1), \\ u_3(x, \Phi_1, \psi), x \in [s_1, 1], \end{vmatrix}$

$$F_2(x) = \frac{1}{\sqrt{1 - U_2(x)^2}}, \quad U_2(x) = \begin{vmatrix} u_0(x), x \in [0, x_p), \\ u_2(x, \Phi_2, \psi), x \in [x_p, s_2), \\ u_4(x, \Phi_2, \psi), x \in [s_2, 1]. \end{vmatrix}$$

4). Значение угла $\psi_{opt}$ находим, как сформулировано в постановке задачи C.

Главные функции ординат $\Gamma_{upper}$ и $\Gamma_{lower}$ профиля:

$$Y_1(x) = \begin{vmatrix} y_1(x, \Phi_1, \psi_{opt}), x \in [0, s_1), \\ y_3(x, \Phi_1, \psi_{opt}), x \in [s_1, 1], \end{vmatrix} \qquad Y_2(x) = \begin{vmatrix} y_0(x), x \in [0, x_p), \\ y_2(x, \Phi_2, \psi_{opt}), x \in [x_p, s_2), \\ y_4(x, \Phi_2, \psi_{opt}), x \in [s_2, 1]. \end{vmatrix}$$

Отметим, в задаче C математическое моделирование профиля единичной длины предусматривает задание лишь четырех параметров.

### 4.1.2. Программа C.

Программа C содержит 11 разделов.

| Раздел | Содержание |
|---|---|
| 1 | Ввод параметров $r, R, \xi_{0R}, \eta_{0R}$. |
| 2 | Запись формул коэффициентов $c_1(s_1, \beta_1, \psi), d_1(s_1, \beta_1, \psi)$ и функций кривых $D_3(l_1), D_2(l_3)$. |
| 3 | Запись формул коэффициентов $c_2(x_p, s_2, \beta_2, \psi), d_2(x_p, s_2, \beta_2, \psi)$ и функций кривых $D_1(l_0), D_3(l_2), D_2(l_4)$. |
| 4 | Расчет длин $L_i$ для углов |

$$\psi_i = \Delta\psi \cdot i, \ \text{где} \ \Delta\psi = \frac{1}{12} arctg\left(\frac{\eta_{0R}}{\xi_{0R}}\right), \ i = 0, 1 \ldots 4,$$

| | |
|---|---|
| 5 | График зависимости $L = L(\psi)$, определение угла $\psi_{opt}$. |
| 6 | Главные функции $\Gamma_{upper}$ и $\Gamma_{lower}$. |
| 7,8 | Расчет окружности $C_s$ и линии изгиба профиля. |
| 9 | Расчет координат точек $E_1$ и $E_2$. |
| 10 | Чертеж профиля крыла. |
| 11 | Таблицы координат точек $\Gamma_{upper}$, $\Gamma_{lower}$ и линии изгиба профиля. |

## PROGRAM C

**1. Parameters:**    $r := 0.01$    $R := 0.05$    $\xi oR := 0.32$    $\eta oR := 0.1$

**2. Upper Surface**    $\varepsilon := 10^{-4}$    $e1(\psi) := \xi oR - R \cdot \sin(\psi)$    $ye1(\psi) := \eta oR + R \cdot \cos(\psi)$

$$A1(\psi) := -1 + \frac{e1(\psi)}{r} + \sin(\psi) \qquad B1(\beta1) := -1 + \frac{1}{r} + \sin(\beta1)$$

$$\mu1(s1,\psi) := e1(\psi)^3 - (e1(\psi) - s1)^3 \qquad v1(s1) := 1 - (1 - s1)^3$$

$$d1(s1,\beta1,\psi) := \frac{A1(\psi) - B1(\beta1) \cdot e1(\psi)^2}{\mu1(s1,\psi) - v1(s1) \cdot e1(\psi)^2} \qquad c1(s1,\beta1,\psi) := B1(\beta1) - v1(s1) \cdot d1(s1,\beta1,\psi)$$

**D3(L1)**    $$u1(x,s1,\beta1,\psi) := 1 - \frac{x}{r} + c1(s1,\beta1,\psi) \cdot x^2 + d1(s1,\beta1,\psi) \cdot x^3$$

$$y1(x,s1,\beta1,\psi) := \sqrt{(2 \cdot r - \varepsilon) \cdot \varepsilon} + \int_{\varepsilon}^{x} \frac{u1(x,s1,\beta1,\psi)}{\sqrt{1 - u1(x,s1,\beta1,\psi)^2}} \, dx$$

**D2(L3)**    $$u3(x,s1,\beta1,\psi) := u1(x,s1,\beta1,\psi) - d1(s1,\beta1,\psi) \cdot (x - s1)^3$$

$$y3(x,s1,\beta1,\psi) := y1(s1,s1,\beta1,\psi) + \int_{s1}^{x} \frac{u3(x,s1,\beta1,\psi)}{\sqrt{1 - u3(x,s1,\beta1,\psi)^2}} \, dx$$

**3. Lower Surface**    $e2(\psi) := \xi oR + R \cdot \sin(\psi)$    $ye2(\psi) := \eta oR - R \cdot \cos(\psi)$

**D1(L0)**    $$y0(x) := -\sqrt{r^2 - (r - x)^2} \qquad u0(x) := -1 + \frac{x}{r}$$

$$A2(\psi) := 1 - \frac{e2(\psi)}{r} + \sin(\psi) \qquad B2(\beta2) := 1 - \frac{1}{r} + \sin(\beta2)$$

$$\mu2(xp,s2,\psi) := (e2(\psi) - xp)^3 - (e2(\psi) - s2)^3 \qquad v2(xp,s2) := (1 - xp)^3 - (1 - s2)^3$$

$$\lambda(xp,\psi) := \left(\frac{e2(\psi) - xp}{1 - xp}\right)^2 \qquad d2(xp,s2,\beta2,\psi) := \frac{A2(\psi) - B2(\beta2) \cdot \lambda(xp,\psi)}{\mu2(xp,s2,\psi) - v2(xp,s2) \cdot \lambda(xp,\psi)}$$

$$c2(xp,s2,\beta2,\psi) := \frac{1}{(1 - xp)^2} \cdot (B2(\beta2) - v2(xp,s2) \cdot d2(xp,s2,\beta2,\psi))$$

**D3(L2)**    $$u2(x,xp,s2,\beta2,\psi) := -1 + \frac{x}{r} + c2(xp,s2,\beta2,\psi) \cdot (x - xp)^2 + d2(xp,s2,\beta2,\psi) \cdot (x - xp)^3$$

$$y2(x,xp,s2,\beta2,\psi) := y0(xp) + \int_{xp}^{x} \frac{u2(x,xp,s2,\beta2,\psi)}{\sqrt{1 - u2(x,xp,s2,\beta2,\psi)^2}} \, dx$$

**D2(L4)**    $$u4(x,xp,s2,\beta2,\psi) := u2(x,xp,s2,\beta2,\psi) - d2(xp,s2,\beta2,\psi) \cdot (x - s2)^3$$

$$y4(x,xp,s2,\beta2,\psi) := y2(s2,xp,s2,\beta2,\psi) + \int_{s2}^{x} \frac{u4(x,xp,s2,\beta2,\psi)}{\sqrt{1 - u4(x,xp,s2,\beta2,\psi)^2}} dx$$

**4. Calculation Li**         $xp = \varepsilon$     $s1 := r$    $\beta1 = 0$    $s2 := r$    $\beta2 := 0$

$$\Delta\psi := \frac{1}{12} \cdot atan\left(\frac{\eta oR}{\xi oR}\right)$$

$$\rho(xp,s1,s2,\beta1,\beta2,\psi) := \frac{y2(s2,xp,s2,\beta2,\psi) - y1(s1,s1,\beta1,\psi)}{\sqrt{1 - u2(s2,xp,s2,\beta2,\psi)^2} + \sqrt{1 - u1(s1,s1,\beta1,\psi)^2}}$$

$$H(xp,s1,s2,\beta1,\beta2,\psi) := s2 - s1 + (u2(s2,xp,s2,\beta2,\psi) + u1(s1,s1,\beta1,\psi)) \cdot \rho(xp,s1,s2,\beta1,\beta2,\psi)$$

$$U1(x,s1,\beta1,\psi) := \begin{vmatrix} u1(x,s1,\beta1,\psi) & \text{if } 0 \leq x < s1 \\ u3(x,s1,\beta1,\psi) & \text{if } s1 \leq x < 1 \\ sin(\beta1) & \text{if } x = 1 \end{vmatrix}$$

$$U2(x,xp,s2,\beta2,\psi) := \begin{vmatrix} u0(x) & \text{if } 0 \leq x < xp \\ u2(x,xp,s2,\beta2,\psi) & \text{if } xp \leq x < s2 \\ u4(x,xp,s2,\beta2,\psi) & \text{if } s2 \leq x < 1 \\ sin(\beta2) & \text{if } x = 1 \end{vmatrix}$$

$$F(x,xp,s1,s2,\beta1,\beta2,\psi) := \frac{1}{\sqrt{1 - U1(x,s1,\beta1,\psi)^2}} + \frac{1}{\sqrt{1 - U2(x,xp,s2,\beta2,\psi)^2}}$$

**a)**    $i = 0$    $\psi := \Delta\psi \cdot i$

Given   $y3(e1(\psi),s1,\beta1,\psi) - ye1(\psi) = 0$    $y3(1,s1,\beta1,\psi) = 0$    $\begin{pmatrix} s1 \\ \beta1 \end{pmatrix} = Find(s1,\beta1)$

Given   $y4(e2(\psi),xp,s2,\beta2,\psi) - ye2(\psi) = 0$    $y4(1,xp,s2,\beta2,\psi) = 0$    $H(xp,s1,s2,\beta1,\beta2,\psi) = 0$

$\begin{pmatrix} xp \\ s2 \\ \beta2 \end{pmatrix} = Find(xp,s2,\beta2)$    $L_0 := \int_0^1 F(x,xp,s1,s2,\beta1,\beta2,\psi) dx$    $L_0 = 2.0854$

**b)**    $i = 1$    $\psi := \Delta\psi \cdot i$

Given   $y3(e1(\psi),s1,\beta1,\psi) - ye1(\psi) = 0$    $y3(1,s1,\beta1,\psi) = 0$    $\begin{pmatrix} s1 \\ \beta1 \end{pmatrix} = Find(s1,\beta1)$

Given   $y4(e2(\psi),xp,s2,\beta2,\psi) - ye2(\psi) = 0$    $y4(1,xp,s2,\beta2,\psi) = 0$    $H(xp,s1,s2,\beta1,\beta2,\psi) = 0$

$\begin{pmatrix} xp \\ s2 \\ \beta2 \end{pmatrix} = Find(xp,s2,\beta2)$    $L_1 := \int_0^1 F(x,xp,s1,s2,\beta1,\beta2,\psi) dx$    $L_1 = 2.08234$

**c)**    $i = 2$    $\psi := \Delta\psi \cdot i$

Given   $y3(e1(\psi),s1,\beta1,\psi) - ye1(\psi) = 0$    $y3(1,s1,\beta1,\psi) = 0$    $\begin{pmatrix} s1 \\ \beta1 \end{pmatrix} = Find(s1,\beta1)$

Given   $y4(e2(\psi),xp,s2,\beta2,\psi) - ye2(\psi) = 0$    $y4(1,xp,s2,\beta2,\psi) = 0$    $H(xp,s1,s2,\beta1,\beta2,\psi) = 0$

$$\begin{pmatrix} xp \\ s2 \\ \beta2 \end{pmatrix} = Find(xp,s2,\beta2) \quad L_2 := \int_0^1 F(x,xp,s1,s2,\beta1,\beta2,\psi)\,dx \quad L_2 = 2.08083$$

**d)**   $i := 3$   $\psi = \Delta\psi \cdot i$

Given   $y3(e1(\psi),s1,\beta1,\psi) - ye1(\psi)=0$     $y3(1,s1,\beta1,\psi)=0$     $\begin{pmatrix} s1 \\ \beta1 \end{pmatrix} = Find(s1,\beta1)$

Given   $y4(e2(\psi),xp,s2,\beta2,\psi) - ye2(\psi)=0$     $y4(1,xp,s2,\beta2,\psi)=0$     $H(xp,s1,s2,\beta1,\beta2,\psi)=0$

$$\begin{pmatrix} xp \\ s2 \\ \beta2 \end{pmatrix} := Find(xp,s2,\beta2) \quad L_3 := \int_0^1 F(x,xp,s1,s2,\beta1,\beta2,\psi)\,dx \quad L_3 = 2.08084$$

**e)**   $i := 4$   $\psi := \Delta\psi \cdot i$

Given   $y3(e1(\psi),s1,\beta1,\psi) - ye1(\psi)=0$     $y3(1,s1,\beta1,\psi)=0$     $\begin{pmatrix} s1 \\ \beta1 \end{pmatrix} = Find(s1,\beta1)$

Given   $y4(e2(\psi),xp,s2,\beta2,\psi) - ye2(\psi)=0$     $y4(1,xp,s2,\beta2,\psi)=0$     $H(xp,s1,s2,\beta1,\beta2,\psi)=0$

$$\begin{pmatrix} xp \\ s2 \\ \beta2 \end{pmatrix} := Find(xp,s2,\beta2) \quad L_4 := \int_0^1 F(x,xp,s1,s2,\beta1,\beta2,\psi)\,dx \quad L_4 = 2.0824$$

**5. Function L = L(ψ)**

$i := 0,1..4$   $\psi_i := \Delta\psi \cdot i$   $b := -\dfrac{1}{4\cdot\Delta\psi}\cdot(L_4 - 4\cdot L_2 + 3\cdot L_0)$   $c = \dfrac{1}{8\cdot\Delta\psi^2}\cdot(L_4 - 2\cdot L_2 - L_0)$

$F(e,b,c) := L_0 + b\cdot e + c\cdot e^2$   $\psi opt := -\dfrac{b}{2\cdot c}$   $\psi opt = 0.06278$   $e := 0,0.01\cdot\Delta\psi..4\cdot\Delta\psi$

| $\psi_i$ | $L_i$ |
|---------|---------|
| 0 | 2.0854 |
| 0.02524 | 2.08234 |
| 0.05048 | 2.08083 |
| 0.07572 | 2.08084 |
| 0.10096 | 2.0824 |

**6. Main Functions**   $\psi := \psi opt$

Given       $y3(e1(\psi),s1,\beta1,\psi) - ye1(\psi)=0$     $y3(1,s1,\beta1,\psi)=0$     $\begin{pmatrix} s1 \\ \beta1 \end{pmatrix} := Find(s1,\beta1)$

Given     $y4(e2(\psi),xp,s2,\beta2,\psi) - ye2(\psi)=0$     $y4(1,xp,s2,\beta2,\psi)=0$

$H(xp,s1,s2,\beta1,\beta2,\psi)=0$   $\begin{pmatrix} xp \\ s2 \\ \beta2 \end{pmatrix} := Find(xp,s2,\beta2)$   $\beta1 = -0.204$   $\beta2 = -0.116$

$V1(x) := U1(x,s1,\beta1,\psi opt)$     $V2(x) := U2(x,xp,s2,\beta2,\psi opt)$

$$Y1(x) := \begin{vmatrix} y1(x,s1,\beta1,\psi opt) & \text{if } 0 \le x < s1 \\ y3(x,s1,\beta1,\psi opt) & \text{if } s1 \le x < 1 \\ 0 & \text{if } x = 1 \end{vmatrix} \qquad Y2(x) := \begin{vmatrix} y0(x) & \text{if } 0 \le x < xp \\ y2(x,xp,s2,\beta2,\psi opt) & \text{if } xp \le x \le s2 \\ y4(x,xp,s2,\beta2,\psi opt) & \text{if } s2 \le x < 1 \\ 0 & \text{if } x = 1 \end{vmatrix}$$

**7. Circle CR**      $\xi R(\theta) := \xi oR + R \cdot \cos(\theta)$      $\eta R(\theta) := \eta oR + R \cdot \sin(\theta)$      $\theta := 0, \dfrac{\pi}{50} .. 2\cdot\pi$

**8. Camber line**      $H(c,d) := d - c + \dfrac{V2(d) + V1(c)}{\sqrt{1 - V2(d)^2} + \sqrt{1 - V1(c)^2}} \cdot (Y2(d) - Y1(c))$

$TOL := 10^{-5}$      $d := 3 \cdot r$      $d(c) := root(H(c,d),d)$      $\rho c(c) := -\dfrac{Y2(d(c)) - Y1(c)}{\sqrt{1 - V2(d(c))^2} + \sqrt{1 - V1(c)^2}}$

$TOL := 10^{-3}$   $xc(c) := \begin{vmatrix} r & \text{if } c = 0 \\ c + \rho c(c) \cdot V1(c) & \text{if } 0 < c < 1 \\ 1 & \text{if } c = 1 \end{vmatrix}$      $yc(c) := \begin{vmatrix} 0 & \text{if } c = 0 \\ Y1(c) - \rho c(c) \cdot \sqrt{1 - V1(c)^2} & \text{if } 0 < c < 1 \\ 0 & \text{if } c = 1 \end{vmatrix}$

**9. Coordinates of Points E1, E2**

**1)**      $e1 := e1(\psi opt)$      $ye1 := ye1(\psi opt)$      $e2 := e2(\psi opt)$      $ye2 := ye2(\psi opt)$

         $e1 = 0.317$         $ye1 = 0.1499$        $e2 = 0.323$        $ye2 = 0.0501$

**2)**      Given    $H(e1,e2) = 0$    $V1(e1) - V2(e2) = 0$    $\begin{pmatrix} e1 \\ e2 \end{pmatrix} := Find(e1,e2)$

                         $ye1 := Y1(e1)$                        $ye2 := Y2(e2)$

         $e1 = 0.317$         $ye1 = 0.1499$        $e2 = 0.323$        $ye2 = 0.0501$

**10. Airfoil**          $r = 0.01$      $R = 0.05$      $\xi oR = 0.32$      $\eta oR = 0.1$

                $x := 0, 0.001 .. 1$      $c := 0, 0.05 .. 1$

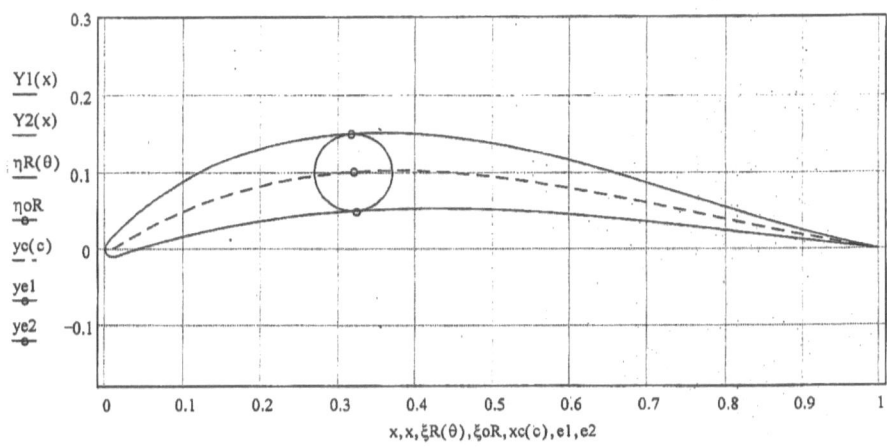

$\dfrac{Y1(x)}{}$, $\dfrac{Y2(x)}{}$, $\eta R(\theta)$, $\eta oR$, $yc(c)$, $ye1$, $ye2$     (vertical axis labels)

$x, x, \xi R(\theta), \xi oR, xc(c), e1, e2$    (horizontal axis label)

## 11. Coordinates of Points

$$\text{Yupper(x)} := \begin{vmatrix} 0 & \text{if } |Y1(x)| < 10^{-5} \\ Y1(x) & \text{otherwise} \end{vmatrix} \qquad \text{Ylower(x)} := \begin{vmatrix} 0 & \text{if } |Y2(x)| < 10^{-5} \\ Y2(x) & \text{otherwise} \end{vmatrix} \qquad x := 0, 0.05 .. 1$$

| x | Yupper(x) | Ylower(x) | | xc(c) | yc(c) |
|---|---|---|---|---|---|
| 0 | 0 | 0 | | 0.01 | 0 |
| 0.05 | 0.0533 | 0.0023 | | 0.066 | 0.0335 |
| 0.1 | 0.0876 | 0.0163 | | 0.1178 | 0.057 |
| 0.15 | 0.1124 | 0.0277 | | 0.1662 | 0.0736 |
| 0.2 | 0.13 | 0.0367 | | 0.2129 | 0.0855 |
| 0.25 | 0.1418 | 0.0436 | | 0.2588 | 0.0937 |
| 0.3 | 0.1486 | 0.0485 | | 0.3045 | 0.0989 |
| 0.35 | 0.1511 | 0.0515 | | 0.3505 | 0.1013 |
| 0.4 | 0.1498 | 0.053 | | 0.3971 | 0.1014 |
| 0.45 | 0.1452 | 0.053 | | 0.4443 | 0.0993 |
| 0.5 | 0.1376 | 0.0517 | | 0.4924 | 0.0951 |
| 0.55 | 0.1275 | 0.0492 | | 0.5414 | 0.0891 |
| 0.6 | 0.1153 | 0.0457 | | 0.5911 | 0.0815 |
| 0.65 | 0.1015 | 0.0414 | | 0.6416 | 0.0725 |
| 0.7 | 0.0864 | 0.0363 | | 0.6926 | 0.0624 |
| 0.75 | 0.0707 | 0.0307 | | 0.7439 | 0.0516 |
| 0.8 | 0.0548 | 0.0247 | | 0.7955 | 0.0404 |
| 0.85 | 0.0393 | 0.0185 | | 0.847 | 0.0293 |
| 0.9 | 0.0247 | 0.0122 | | 0.8983 | 0.0187 |
| 0.95 | 0.0114 | 0.006 | | 0.9493 | 0.0088 |
| 1 | 0 | 0 | | 1 | 0 |

## 4.2. Задача D. Профили, для которых заданы параметры: $r, R, \xi_{0R}, \eta_{0R}, \psi, \beta_1, \beta_2$.

### 4.2.1. Постановка и решение задачи D.

Задача D отличается от предыдущей задачи C: Во-первых, заданием угла $\psi$, который определяет наклон касательных, проведенных к профилю в точках $E_1$ и $E_2$. Во-вторых, заданием углов $\beta_1$ и $\beta_2$. На Схеме моделирования D указаны составные кривые верхнего и нижнего контуров профиля, а также порядок сращивания $D_n$- кривых в точках.

Граничные условия.

Верхний контур:

$$y_1(0) = 0, \quad u_1(0) = 1, \quad k_1(0) = -\frac{1}{r}, \qquad \text{(D.1) (D.2) (C.3)}$$

$$y_1(s_1) = y_3(s_1), \quad u_1(s_1) = u_3(s_1), \qquad \text{(D.4) (D.5)}$$

$$k_1(s_1) = k_3(s_1), \quad g_1(s_1) = g_3(s_1), \qquad \text{(D.6) (D.7)}$$

$$y_3(e_1) = \eta_{0R} + R\cos\psi, \quad u_3(e_1) = \sin\psi, \qquad \text{(D.8) (D.9)}$$

$$y_3(1) = 0, \quad u_3(1) = \sin\beta_1, \qquad \text{(D.10) (D.11)}$$

где $e_1 = \xi_{0R} - R\sin\psi$ – абсцисса точки $E_1$.

Нижний контур:

$$y_0(0) = 0, \quad u_0(0) = -1, \quad k_0 = \frac{1}{r}, \qquad \text{(D.12) (D.13) (D.14)}$$

$$y_0(x_p) = y_2(x_p), \quad u_0(x_p) = u_2(x_p), \qquad \text{(D.15) (D.16)}$$

$$\frac{1}{r} = k_2(x_p), \qquad \text{(D.17)}$$

$$y_2(s_2) = y_4(s_2), \quad u_2(s_2) = u_4(s_2), \qquad \text{(D.18) (D.19)}$$

$$k_2(s_2) = k_4(s_2), \quad g_2(s_2) = g_4(s_2), \qquad \text{(D.20) (D.21)}$$

$$y_4(e_2) = \eta_{0R} - R \cdot \cos\psi, \quad u_4(e_2) = \sin\psi, \qquad \text{(D.22) (D.23)}$$

$$y_4(1) = 0, \quad u_4(1) = \sin\beta_2, \qquad \text{(D.24) (D.25)}$$

где $e_2 = \xi_{0R} + R\sin\psi$ – абсцисса точки $E_2$.

Решение задачи.

Функции кривых верхнего контура:

$$D_3(l_1): \quad y_1(x) = \sqrt{(2 \cdot r - \varepsilon) \cdot \varepsilon} + \int_\varepsilon^x \frac{u_1(x)}{\sqrt{1 - u_1(x)^2}} dx, \quad x \in [0, s_1],$$

## Схема моделирования D

1. Эскиз профиля крыла.

    Заданы параметры: $r, R, \xi_{0R}, \eta_{0R}, \psi, \beta_1, \beta_2$.

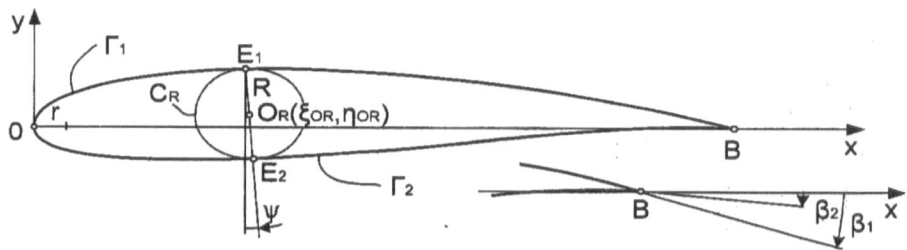

Линии профиля и точки сращивания

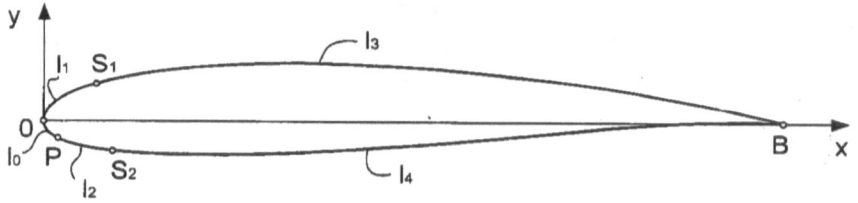

2. Моделирование профиля крыла

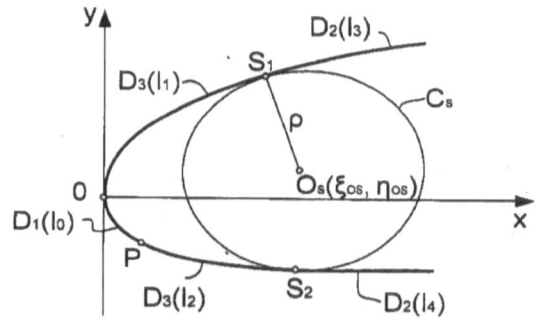

Составные кривые:

$$\text{Верхний контур } \Gamma_{upper} : D_3(l_1) \oplus D_3(l_3);$$
$$\text{Нижний контур } \Gamma_{lower} : D_1(l_0) \oplus D_3(l_2) \oplus D_3(l_4).$$

Порядок сращивания кривых в точках:

$$O(2), P(2), S_1(3), S_2(3), B(0)$$

$$u_1(x) = 1 - \frac{x}{r} + c_1 x^2 + d_1 x^3,$$

$$k_1(x) = -\frac{1}{r} + 2 \cdot c_1 x + 3 \cdot d_1 x^2,$$

$$D_3(l_3): \quad y_3(x) = y_1(s_1) + \int_{s_1}^{x} \frac{u_3(x)}{\sqrt{1 - u_3(x)^2}}\, dx, \quad x \in [s_1, 1],$$

$$u_3(x) = u_1(x) - d_{13} \cdot (x - s_1)^3,$$

$$k_3(x) = k_1(x) - 3 \cdot d_{13} \cdot (x - s_1)^2.$$

Условия (D.9), (D.11), а также дополнительное условие $k_3(e_1) = k_1$ позволяют записать уравнения:

$$\begin{cases} 1 - \dfrac{e_1}{r} + c_1 \cdot e_1^{\,2} + d_1 \cdot e_1^{\,3} - d_{13} \cdot (e_1 - s_1)^3 = \sin\psi, \\[2mm] 1 - \dfrac{1}{r} + c_1 + d_1 - d_{13} \cdot (1 - s_1)^3 = \sin\beta_1, \\[2mm] -\dfrac{1}{r} + 2 \cdot c_1 \cdot e_1 + 3 \cdot d_1 \cdot e_1^{\,2} - 3 \cdot d_{13} \cdot (e_1 - s_1)^2 = k_1, \end{cases}$$

где $k_1$ −кривизна *Гиппер* в точке $E_1$.

Решая эту систему уравнений, выражаем коэффициенты функций кривых $D_3(l_1)$ и $D_3(l_3)$ в зависимости от $s_1, k_1$.

$$d_1 = d_1(\Phi_1) =$$

$$= \frac{D_1(s_1) \cdot \left(C_1(k_1) \cdot (e_1 - s_1) - 3 \cdot \lambda_1(s_1) \cdot B_1\right) - F_1(s_1) \cdot \left(A_1 - \lambda_1(s_1) \cdot B_1\right)}{D_1(s_1) \cdot G_1(s_1) - E_1(s_1) \cdot F_1(s_1)},$$

$$c_1 = c_1(\Phi_1) = \frac{1}{D_1(s_1)} \cdot \left(A_1 - \lambda_1(s_1) \cdot B_1 - E_1(s_1) \cdot d_1(\Phi_1)\right),$$

$$d_{13} = d_{13}(\Phi_1) = \frac{1}{(1 - s_1)^3} \cdot \left(B_1 - c_1(\Phi_1) - d_1(\Phi_1)\right),$$

$$A_1 = -1 + \frac{e_1}{r} + \sin\psi, \quad B_1 = -1 + \frac{1}{r} + \sin\beta_1, \quad C_1(k_1) = \frac{1}{r} + k_1,$$

$$\lambda_1(s_1) = \left(\frac{e_1 - s_1}{1 - s_1}\right)^3, \quad D_1(s_1) = \dot{e}_1^{\,2} - \lambda_1(s_1), \quad E_1(s_1) = e_1^{\,3} - \lambda_1(s_1),$$

$$F_1(s_1) = 2 \cdot e_1(e_1 - s_1) - 3 \cdot \lambda_1(s_1), \quad G_1(s_1) = 3 \cdot e_1^{\,2}(e_1 - s_1) - 3 \cdot \lambda_1(s_1),$$

$$\Phi_1 = \{s_1, k_1\}.$$

Условия (D.8), (D.10) дают уравнения для нахождения неизвестных

$$y_3(e_1,\Phi_1)-\eta_{0R}-R\cos\psi=0,\quad y_3(1,\Phi_1)=0.$$

Функций кривых нижнего контура.

$$D_1(l_0):\quad y_0(x)=-\sqrt{r^2-(r-x)^2},\quad u_0(x)=-1+\frac{x}{r},\quad x\in\left[0,x_p\right].$$

$$D_3(l_2):\quad y_2(x)=y_0(x_p)+\int_{x_p}^{x}\frac{u_2(x)}{\sqrt{1-u_2(x)^2}}dx,\quad x\in\left[x_p,s_2\right],$$

$$u_2(x)=-1+\frac{x}{r}+c_2(x-x_p)^2+d_2(x-x_p)^3,$$

$$k_2(x)=\frac{1}{r}+2\cdot c_2(x-x_p)+3\cdot d_2(x-x_p)^2.$$

$$D_2(l_4):\quad y_4(x)=y_2(s_2)+\int_{s_2}^{x}\frac{u_4(x)}{\sqrt{1-u_4(x)^2}}dx,\quad x\in\left[s_2,1\right],$$

$$u_4(x)=u_2(x)-d_2(x-s_2)^3,$$

$$k_4(x)=k_2(x)-3\cdot d_2(x-s_2)^2.$$

Воспользуемся условиями (D.23), (D.25) и дополнительным условием $k_4(e_2)=k_2$. Запишем уравнения:

$$\begin{cases} -1+\dfrac{e_2}{r}+c_2\cdot\left(e_2-x_p\right)^2+d_2\cdot\left(e_2-x_p\right)^3-d_{24}\cdot\left(e_2-s_2\right)^3=\sin\psi, \\[2mm] -1+\dfrac{1}{r}+c_2\cdot(1-x_p)^2+d_2\cdot(1-x_p)^3-d_{24}\cdot(1-s_2)^3=\sin\beta_2, \\[2mm] \dfrac{1}{r}+2\cdot c_2\cdot\left(e_2-x_p\right)+3\cdot d_2\cdot\left(e_2-x_p\right)^2-3\cdot d_{24}\cdot\left(e_2-s_2\right)^2=k_2, \end{cases}$$

где $k_2$ −кривизна $\Gamma_{lower}$ в точке $E_2$.

Решая эту систему уравнений, выражаем коэффициенты функций кривых $D_3(l_2)$ и $D_3(l_4)$ в зависимости от $x_p,s_2,k_2$.

$$d_2=d_2(\Phi_2)=$$

$$=\frac{D_2(x_p,s_2)\cdot\left(C_2(k_2)\cdot(e_2-s_2)-3\cdot\lambda_2(s_2)\cdot B_2\right)-F_2(x_p,s_2)\cdot\left(A_2-\lambda_2(s_2)\cdot B_2\right)}{D_2(x_p,s_2)\cdot G_2(x_p,s_2)-E_2(x_p,s_2)\cdot F_2(x_p,s_2)}$$

$$c_2=c_2(\Phi_2)=\frac{1}{D_2(x_p,s_2)}\cdot\left(A_2-\lambda_2(s_2)\cdot B_2-E_2(x_p,s_2)\cdot d_2(\Phi_2)\right),$$

$$d_{24}=d_{24}(\Phi_2)=\frac{1}{(1-s_2)^3}\cdot\left(B_2-c_2(\Phi_2)\cdot(1-x_p)^2-d_2(\Phi_2)\cdot(1-x_p)^3\right),$$

$$A_2 = 1 - \frac{e_2}{r} + \sin\psi, \quad B_2 = 1 - \frac{1}{r} + \sin\beta_2, \quad C_2(k_2) = -\frac{1}{r} + k_2,$$

$$\lambda_2(s_2) = \left(\frac{e_2 - s_2}{1 - s_2}\right)^3, \quad D_2(x_p, s_2) = (e_2 - x_p)^2 - (1 - x_p)^2 \cdot \lambda_2(s_2),$$

$$E_2(x_p, s_2) = (e_2 - x_p)^3 - (1 - x_p)^3 \lambda_2(s_2),$$

$$F_2(x_p, s_2) = 2 \cdot (e_2 - x_p) \cdot (e_2 - s_2) - 3 \cdot \lambda_2(s_2) \cdot (1 - x_p)^2,$$

$$G_2(x_p, s_2) = 3 \cdot (e_2 - x_p)^2 \cdot (e_2 - s_2) - 3 \cdot \lambda_2(s_2) \cdot (1 - x_p)^3,$$

$$\Phi_2 = \{x_p, s_2, k_2\}.$$

Условия (D.22), (D.24) дают уравнения для нахождения неизвестных

$$y_4(e_2, \Phi_2) - \eta_{0R} + R \cdot \cos\psi = 0, \quad y_4(1, \Phi_2) = 0,$$

которые решаем совместно с уравнением

$$H(\Phi_2) = s_2 - s_1 + \frac{u_2(s_2, \Phi_2) + us_1}{\sqrt{1 - u_2(s_2, \Phi_2)^2} + \sqrt{1 - us_1^2}} [y_2(s_2, \Phi_2) - ys_1] = 0,$$

где $ys_1 = y_1(s_1)$, $us_1 = u_1(s_1)$.

Главные функции ординат $\Gamma_{upper}$ и $\Gamma_{lower}$ имеют вид:

$$Y_1(x) = \begin{vmatrix} y_1(x, \Phi_1), x \in [0, s_1), \\ y_3(x, \Phi_1), x \in [s_1, 1], \end{vmatrix} \quad Y_2(x) = \begin{vmatrix} y_0(x), x \in [0, x_p), \\ y_2(x, \Phi_2), x \in [x_p, s_2), \\ y_4(x, \Phi_2), x \in [s_2, 1]. \end{vmatrix}$$

## 4.2.2. Программа D.

Программа D реализует теоретическое решение задачи D, состоит из 11 разделов.

| Раздел | Содержание |
|--------|------------|
| 1 | Задание параметров $r, R, \xi_{0R}, \eta_{0R}, \psi, \beta_1, \beta_2$. |
| 2 | Запись формул коэффициентов $c_1(s_1, k_1), d_1(s_1, k_1), d_{13}(s_1, k_1)$ и функций кривых $D_3(l_1), D_3(l_3)$. |
| 3 | Запись формул коэффициентов $c_2(x_p, s_2, k_2), d_2(x_p, s_2, k_2),$ |

$d_{24}(x_p, s_2, k_2)$ и функций кривых $D_1(l_0), D_3(l_2) D_3(l_4)$.

4     Решение систем уравнений для нахождения неизвестных $x_p, s_1,$ $s_2, k_1, k_2$.

5     Запись главных функций ординат $\Gamma_{upper}$ и $\Gamma_{lower}$.

6,7,8     Расчет координат точек $M$ и $m$, окружности $C_R$ и линии изгиба.

9     Чертеж профиля кпыла.

10     Расчет площади $\omega$, абсциссы центра масс $x_g$ и длины профиля $L$.

11     Таблица координат точек профиля.

## PROGRAM D

**1. Parameters**        $r := 0.01$    $R := 0.05$    $\xi oR := 0.32$    $\eta oR := 0.1$    $\psi := 0.05$
$$\beta1 := -0.15 \qquad \beta2 := -0.05$$

**2. Upper Surface**        $e1 := \xi oR - R \cdot \sin(\psi)$        $ye1 := \eta oR + R \cdot \cos(\psi)$

$$A1 := -1 + \frac{e1}{r} + \sin(\psi) \quad B1 := -1 + \frac{1}{r} + \sin(\beta1) \quad C1(k1) := \frac{1}{r} + k1 \quad \lambda1(s1) := \left(\frac{e1 - s1}{1 - s1}\right)^3$$

$$D1(s1) := e1^2 - \lambda1(s1) \quad E1(s1) := e1^3 - \lambda1(s1)$$

$$F1(s1) := 2 \cdot e1 \cdot (e1 - s1) - 3 \cdot \lambda1(s1) \quad G1(s1) := 3 \cdot e1^2 \cdot (e1 - s1) - 3 \cdot \lambda1(s1)$$

$$d1(s1,k1) := \frac{D1(s1) \cdot (C1(k1) \cdot (e1 - s1) - 3 \cdot \lambda1(s1) \cdot B1) - F1(s1) \cdot (A1 - \lambda1(s1) \cdot B1)}{D1(s1) \cdot G1(s1) - E1(s1) \cdot F1(s1)}$$

$$c1(s1,k1) := \frac{1}{D1(s1)} \cdot (A1 - \lambda1(s1) \cdot B1 - E1(s1) \cdot d1(s1,k1))$$

$$d13(s1,k1) := -\frac{1}{(1 - s1)^3} \cdot (B1 - c1(s1,k1) - d1(s1,k1))$$

**D3(L1)**        $u1(x,s1,k1) := 1 - \dfrac{x}{r} + c1(s1,k1) \cdot x^2 + d1(s1,k1) \cdot x^3$

$$\varepsilon := 10^{-4} \qquad y1(x,s1,k1) := \sqrt{(2 \cdot r - \varepsilon) \cdot \varepsilon} + \int_{\varepsilon}^{x} \frac{u1(x,s1,k1)}{\sqrt{1 - u1(x,s1,k1)^2}} \, dx$$

**D3(L3)**        $u3(x,s1,k1) := u1(x,s1,k1) - d13(s1,k1) \cdot (x - s1)^3$

$$y3(x,s1,k1) := y1(s1,s1,k1) + \int_{s1}^{x} \frac{u3(x,s1,k1)}{\sqrt{1 - u3(x,s1,k1)^2}} \, dx$$

**3. Lower Surface**        $e2 := \xi oR + R \cdot \sin(\psi)$        $ye2 := \eta oR - R \cdot \cos(\psi)$        $A2 := 1 - \dfrac{e2}{r} + \sin(\psi)$

$$B2 := 1 - \frac{1}{r} + \sin(\beta2) \qquad C2(k2) := -\frac{1}{r} + k2$$

$$\lambda2(s2) := \left(\frac{e2 - s2}{1 - s2}\right)^3 \quad D2(xp,s2) := (e2 - xp)^2 - (1 - xp)^2 \cdot \lambda2(s2)$$

$$E2(xp,s2) := (e2 - xp)^3 - (1 - xp)^3 \cdot \lambda2(s2)$$

$$F2(xp,s2) := 2 \cdot (e2 - xp) \cdot (e2 - s2) - 3 \cdot \lambda2(s2) \cdot (1 - xp)^2$$

$$G2(xp,s2) := 3 \cdot (e2 - xp)^2 \cdot (e2 - s2) - 3 \cdot \lambda2(s2) \cdot (1 - xp)^3$$

$$d2(xp,s2,k2) := \frac{D2(xp,s2) \cdot (C2(k2) \cdot (e2 - s2) - 3 \cdot \lambda2(s2) \cdot B2) - F2(xp,s2) \cdot (A2 - \lambda2(s2) \cdot B2)}{D2(xp,s2) \cdot G2(xp,s2) - E2(xp,s2) \cdot F2(xp,s2)}$$

$$c2(xp,s2,k2) := \frac{1}{D2(xp,s2)} \cdot (A2 - \lambda2(s2) \cdot B2 - E2(xp,s2) \cdot d2(xp,s2,k2))$$

$$d24(xp,s2,k2) := -\frac{1}{(1-s2)^3}\cdot\left[B2 - c2(xp,s2,k2)\cdot(1-xp)^2 - d2(xp,s2,k2)\cdot(1-xp)^3\right]$$

**D1(L0)** 
$$y0(x) := -\sqrt{r^2 - (r-x)^2} \qquad u0(x) := -1 + \frac{x}{r}$$

**D3(L2)** 
$$u2(x,xp,s2,k2) := -1 + \frac{x}{r} + c2(xp,s2,k2)\cdot(x-xp)^2 + d2(xp,s2,k2)\cdot(x-xp)^3$$

$$y2(x,xp,s2,k2) := y0(xp) + \int_{xp}^{x} \frac{u2(x,xp,s2,k2)}{\sqrt{1 - u2(x,xp,s2,k2)^2}}\,dx$$

**D3(L4)** 
$$u4(x,xp,s2,k2) := u2(x,xp,s2,k2) - d24(xp,s2,k2)\cdot(x-s2)^3$$

$$y4(x,xp,s2,k2) := y2(s2,xp,s2,k2) + \int_{s2}^{x} \frac{u4(x,xp,s2,k2)}{\sqrt{1 - u4(x,xp,s2,k2)^2}}\,dx$$

## 4. Solution to Equations 
$$xp := \varepsilon \qquad s1 := r \qquad s2 := s1 \qquad k1 := -1 \qquad k2 := 0$$

$$\rho(xp,s1,s2,k1,k2) := \frac{y2(s2,xp,s2,k2) - y1(s1,s1,k1)}{\sqrt{1 - u2(s2,xp,s2,k2)^2} + \sqrt{1 - u1(s1,s1,k1)^2}}$$

$$H(xp,s1,s2,k1,k2) := s2 - s1 + (u2(s2,xp,s2,k2) + u1(s1,s1,k1))\cdot\rho(xp,s1,s2,k1,k2)$$

Given   $y3(e1,s1,k1) - ye1 = 0$     $y3(1,s1,k1) = 0$     $\begin{pmatrix} s1 \\ k1 \end{pmatrix} := \text{Find}(s1,k1)$

Given   $y4(e2,xp,s2,k2) - ye2 = 0$     $y4(1,xp,s2,k2) = 0$     $H(xp,s1,s2,k1,k2) = 0$

$$\begin{pmatrix} xp \\ s2 \\ k2 \end{pmatrix} = \text{Find}(xp,s2,k2)$$

$$xp = 0.0099 \qquad s1 = 0.00705 \qquad s2 = 0.0206 \qquad k1 = -1.681 \qquad k2 = -0.749$$

## 5. Main Functions

$$Y1(x) := \begin{vmatrix} y1(x,s1,k1) & \text{if } 0 \le x < s1 \\ y3(x,s1,k1) & \text{if } s1 \le x < 1 \\ 0 & \text{if } x = 1 \end{vmatrix} \qquad Y2(x) := \begin{vmatrix} y0(x) & \text{if } 0 \le x < xp \\ y2(x,xp,s2,k2) & \text{if } xp \le x < s2 \\ y4(x,xp,s2,k2) & \text{if } s2 \le x < 1 \\ 0 & \text{if } x = 1 \end{vmatrix}$$

$$U1(x) := \begin{vmatrix} u1(x,s1,k1) & \text{if } 0 \le x < s1 \\ u3(x,s1,k1) & \text{if } s1 \le x < 1 \\ \sin(\beta1) & \text{if } x = 1 \end{vmatrix} \qquad U2(x) := \begin{vmatrix} u0(x) & \text{if } 0 \le x < xp \\ u2(x,xp,s2,k2) & \text{if } xp \le x < s2 \\ u4(x,xp,s2,k2) & \text{if } s2 \le x < 1 \\ \sin(\beta2) & \text{if } x = 1 \end{vmatrix}$$

**6. Coordinates of Points M and m**

$xM := 0.3$     $xM := root(U1(xM),xM)$     $xM = 0.348$     $yM := Y1(xM)$     $yM = 0.151$

$xm := 0.4$     $xm := root(U2(xm),xm)$     $xm = 0.394$     $ym := Y2(xm)$     $ym = 0.052$

**7. Circle CR**     $\xi R(\theta) := \xi oR + R\cdot cos(\theta)$     $\eta R(\theta) := \eta oR + R\cdot sin(\theta)$     $\theta := 0, \dfrac{\pi}{50} .. 2\cdot\pi$

**8. Camber line**     $H(c,d) = d - c + \dfrac{U2(d) + U1(c)}{\sqrt{1 - U2(d)^2} + \sqrt{1 - U1(c)^2}}\cdot(Y2(d) - Y1(c))$

$TOL := 10^{-5}$     $d := 3\cdot r$     $d(c) = root(H(c,d),d)$     $pc(c) := -\dfrac{Y2(d(c)) - Y1(c)}{\sqrt{1 - U2(d(c))^2} + \sqrt{1 - U1(c)^2}}$

$TOL := 10^{-3}$     $xc(c) := \begin{vmatrix} r & \text{if } c\blacksquare 0 \\ c + pc(c)\cdot U1(c) & \text{if } 0<c<1 \\ 1 & \text{if } c\blacksquare 1 \end{vmatrix}$     $yc(c) := \begin{vmatrix} 0 & \text{if } c\blacksquare 0 \\ Y1(c) - pc(c)\cdot\sqrt{1 - U1(c)^2} & \text{if } 0<c<1 \\ 0 & \text{if } c\blacksquare 1 \end{vmatrix}$

$x := 0, 0.001 .. 1$     $c := 0, 0.05 .. 1$

**9. Airfoil**     $r = 0.01$     $R = 0.05$     $\xi oR = 0.32$     $\eta oR = 0.1$     $\psi = 0.05$

$\beta1 = -0.15$     $\beta2 = -0.05$

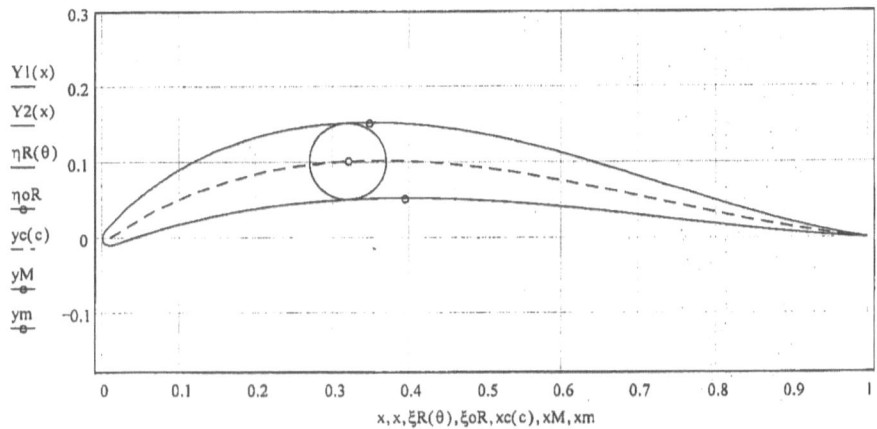

x, x, ξR(θ), ξoR, xc(c), xM, xm

**10. Integral parameters**

**Area**     $\omega := \displaystyle\int_0^1 (Y1(x) - Y2(x))\,dx$     $\omega = 0.0628$

**Abscissa xg**     $xg := \dfrac{1}{\omega}\displaystyle\int_0^1 (Y1(x) - Y2(x))\cdot x\,dx$     $xg = 0.403$

**Length**     $L := \displaystyle\int_0^1 \left(\dfrac{1}{\sqrt{1 - U1(x)^2}} + \dfrac{1}{\sqrt{1 - U2(x)^2}}\right)dx$     $L = 2.081$

## 11. Coordinates of Points

$$\text{Yupper}(x) := \begin{vmatrix} 0 & \text{if } |Y1(x)| < 10^{-5} \\ Y1(x) & \text{otherwise} \end{vmatrix} \quad \text{Ylower}(x) := \begin{vmatrix} 0 & \text{if } |Y2(x)| < 10^{-5} \\ Y2(x) & \text{otherwise} \end{vmatrix} \quad x := 0, 0.05 .. 1$$

| | **Airfoil** | | **Camber line** | |
|---|---|---|---|---|
| x | Yupper(x) | Ylower(x) | xc(c) | yc(c) |
| 0 | 0 | 0 | 0.01 | 0 |
| 0.05 | 0.0541 | 0.0028 | 0.0662 | 0.0344 |
| 0.1 | 0.0888 | 0.0173 | 0.1179 | 0.0582 |
| 0.15 | 0.1137 | 0.0289 | 0.1662 | 0.0748 |
| 0.2 | 0.1311 | 0.0378 | 0.2127 | 0.0864 |
| 0.25 | 0.1425 | 0.0444 | 0.2584 | 0.0943 |
| 0.3 | 0.1488 | 0.0487 | 0.304 | 0.099 |
| 0.35 | 0.1507 | 0.0512 | 0.3499 | 0.1009 |
| 0.4 | 0.1487 | 0.0518 | 0.3963 | 0.1003 |
| 0.45 | 0.1433 | 0.0509 | 0.4436 | 0.0974 |
| 0.5 | 0.1349 | 0.0486 | 0.4917 | 0.0924 |
| 0.55 | 0.1239 | 0.0451 | 0.5407 | 0.0855 |
| 0.6 | 0.1108 | 0.0407 | 0.5906 | 0.0769 |
| 0.65 | 0.0963 | 0.0355 | 0.6411 | 0.0671 |
| 0.7 | 0.0807 | 0.0299 | 0.6923 | 0.0564 |
| 0.75 | 0.0647 | 0.024 | 0.7438 | 0.0452 |
| 0.8 | 0.049 | 0.0181 | 0.7954 | 0.0342 |
| 0.85 | 0.034 | 0.0125 | 0.847 | 0.0236 |
| 0.9 | 0.0205 | 0.0074 | 0.8984 | 0.0141 |
| 0.95 | 0.009 | 0.0031 | 0.9494 | 0.0061 |
| 1 | 0 | 0 | 1 | 0 |

### 4.3. Сравнение профилей, моделирование которых выполнено задачами A, B, C, D.

Зададим параметры профиля

$$\Psi_C = \{r, R, \xi_{0R}, \eta_{0R}\},$$

выполним расчеты с помощью задачи C. Построим профиль, распечатаем таблицу координат его точек и рассчитаем $x_M, y_M, x_m, y_m, \psi, \beta_1, \beta_2$. Затем, сформируем три набора параметров:

$$\Psi_A = \{r, x_M, y_M, x_m, y_m\};$$
$$\Psi_B = \{r, x_M, y_M, x_m, y_m, \beta_1, \beta_2\};$$
$$\Psi_D = \{r, R, \xi_{0R}, \eta_{0R}, \psi, \beta_1, \beta_2\}.$$

Рассчитаем профили, моделируемые задачами A, B, D. Представим на чертежах два профиля и распечатаем для этих профилей таблицы координат точек.

| Профили | Чертежи | Таблицы |
|---------|---------|---------|
| A и B   | Fig.1   | #1      |
| A и C   | Fig.2   | #2      |
| B и D   | Fig.3   | #3      |
| C и D   | Fig.4   | #4      |

Сравнение расчетов свидетельствует: каждая задача моделирует один и тот же профиль. Этот результат подтверждает корректность постановки задач A, B, C, D и правомерность условия (C.1).

**Airfoil A** ----------------------------------

**Parameters:**      $r = 0.01$    $xM = 0.357$    $yM = 0.151$    $xm = 0.424$    $ym = 0.0532$

**Parameters:**                **Airfoil B** ---x---x---x---x---x---x---x---

   $r = 0.01$    $xM = 0.357$    $yM = 0.151$    $xm = 0.424$    $ym = 0.0532$    $\beta 1 = -0.203$    $\beta 2 = -0.115$

$xA := 0, 0.001 .. 1$    $xB := 0, 0.025 .. 1$

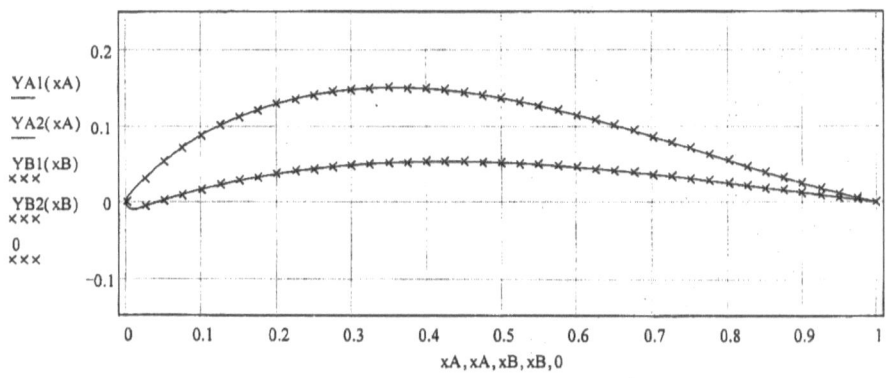

Fig.1

**Table # 1. Coordinates of Points**    $x := 0, 0.05 .. 1$

| x | YAupper(x) | YBupper(x) | YAlower(x) | YBlower(x) |
|---|---|---|---|---|
| 0 | 0 | . 0 | 0 | 0 |
| 0.05 | 0.0532 | 0.0532 | 0.0023 | 0.0023 |
| 0.1 | 0.0876 | 0.0876 | 0.0164 | 0.0164 |
| 0.15 | 0.1123 | 0.1123 | 0.0278 | 0.0278 |
| 0.2 | 0.1299 | 0.1299 | 0.0368 | 0.0368 |
| 0.25 | 0.1417 | 0.1417 | 0.0436 | 0.0436 |
| 0.3 | 0.1485 | 0.1485 | 0.0485 | 0.0485 |
| 0.35 | 0.151 | 0.151 | 0.0516 | 0.0516 |
| 0.4 | 0.1497 | 0.1497 | 0.053 | 0.053 |
| 0.45 | 0.145 | 0.145 | 0.053 | 0.053 |
| 0.5 | 0.1375 | 0.1375 | 0.0517 | 0.0517 |
| 0.55 | 0.1274 | 0.1274 | 0.0492 | 0.0492 |
| 0.6 | 0.1152 | 0.1152 | 0.0457 | 0.0457 |
| 0.65 | 0.1013 | 0.1013 | 0.0413 | 0.0413 |
| 0.7 | 0.0863 | 0.0863 | 0.0363 | 0.0363 |
| 0.75 | 0.0706 | 0.0706 | 0.0307 | 0.0307 |
| 0.8 | 0.0547 | 0.0547 | 0.0247 | 0.0247 |
| 0.85 | 0.0392 | 0.0392 | 0.0185 | 0.0185 |
| 0.9 | 0.0246 | 0.0246 | 0.0122 | 0.0122 |
| 0.95 | 0.0114 | 0.0114 | 0.006 | 0.006 |
| 1 | 0 | . 0 | 0 | 0 |

**Airfoil A**

**Parameters:**    r = 0.01      xM = 0.357    yM = 0.151    xm = 0.424    ym = 0.0532

**Airfoil C**    ---x---x---x---x---x---x---x---

**Parameters:**           r = 0.01        R = 0.05       ξoR = 0.32       ηoR = 0.1

xA = 0,0.001..1        xC = 0.025,0.05..1

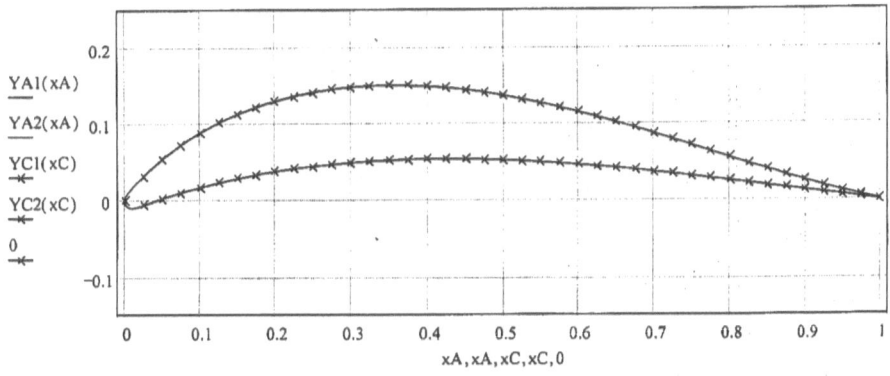

Fig. 2

**Table # 2. Coordinates of Points**              x := 0,0.05..1

| x | YAupper(x) | YCupper(x) | YAlower(x) | YClower(x) |
|---|---|---|---|---|
| 0 | 0 | 0 | 0 | 0 |
| 0.05 | 0.0533 | 0.0533 | 0.0023 | 0.0023 |
| 0.1 | 0.0877 | 0.0876 | 0.0164 | 0.0163 |
| 0.15 | 0.1125 | 0.1124 | 0.0278 | 0.0277 |
| 0.2 | 0.1301 | 0.13 | 0.0368 | 0.0367 |
| 0.25 | 0.1418 | 0.1418 | 0.0436 | 0.0436 |
| 0.3 | 0.1486 | 0.1486 | 0.0485 | 0.0485 |
| 0.35 | 0.1511 | 0.1511 | 0.0516 | 0.0515 |
| 0.4 | 0.1498 | 0.1498 | 0.053 | 0.053 |
| 0.45 | 0.1452 | 0.1452 | 0.053 | 0.053 |
| 0.5 | 0.1376 | 0.1376 | 0.0517 | 0.0517 |
| 0.55 | 0.1275 | 0.1275 | 0.0492 | 0.0492 |
| 0.6 | 0.1152 | 0.1153 | 0.0457 | 0.0457 |
| 0.65 | 0.1014 | 0.1015 | 0.0413 | 0.0414 |
| 0.7 | 0.0863 | 0.0864 | 0.0362 | 0.0363 |
| 0.75 | 0.0706 | 0.0707 | 0.0306 | 0.0307 |
| 0.8 | 0.0547 | 0.0548 | 0.0247 | 0.0247 |
| 0.85 | 0.0392 | 0.0393 | 0.0184 | 0.0185 |
| 0.9 | 0.0246 | 0.0247 | 0.0122 | 0.0122 |
| 0.95 | 0.0114 | 0.0114 | 0.006 | 0.006 |
| 1 | 0 | 0 | 0 | 0 |

**Parameters:**  **Airfoil B** ----------------------------------
  $r = 0.01$    $xM = 0.357$    $yM = 0.151$    $xm = 0.424$    $ym = 0.0532$    $\beta1 = -0.203$    $\beta2 = -0.115$

**Parameters:**  **Airfoil D** ---x---x---x---x---x---x---x---x---
            $r = 0.01$    $R = 0.05$    $\xi oR = 0.32$    $\eta oR = 0.1$    $\psi = 0.06278$
                      $\beta1 = -0.203$    $\beta2 = -0.115$
              $xB = 0,0.001..1$    $xD := 0,0.025..1$

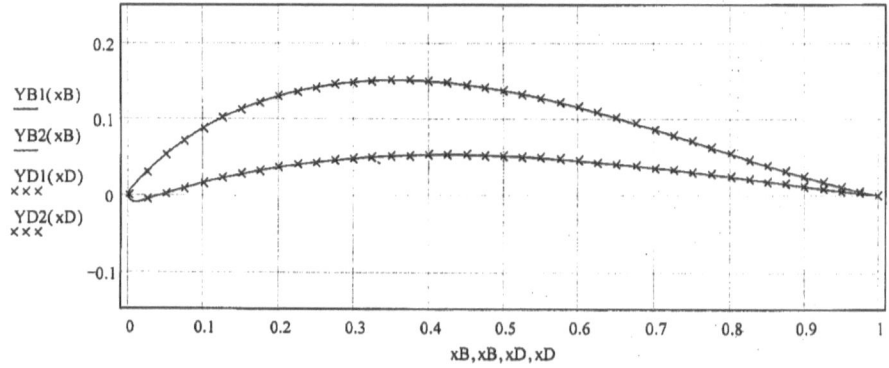

Fig. 3

**Table # 3. Coordinates of Points**    $x := 0,0.05..1$

| x | YBupper(x) | YDupper(x) | YBlower(x) | YDlower(x) |
|---|---|---|---|---|
| 0 | 0 | 0 | 0 | 0 |
| 0.05 | 0.0533 | 0.0533 | 0.0023 | 0.0023 |
| 0.1 | 0.0877 | 0.0876 | 0.0164 | 0.0163 |
| 0.15 | 0.1125 | 0.1124 | 0.0278 | 0.0277 |
| 0.2 | 0.1301 | 0.13 | 0.0368 | 0.0367 |
| 0.25 | 0.1418 | 0.1418 | 0.0436 | 0.0436 |
| 0.3 | 0.1486 | 0.1486 | 0.0485 | 0.0485 |
| 0.35 | 0.1511 | 0.1511 | 0.0516 | 0.0515 |
| 0.4 | 0.1498 | 0.1498 | 0.053 | 0.053 |
| 0.45 | 0.1452 | 0.1452 | 0.053 | 0.053 |
| 0.5 | 0.1376 | 0.1376 | 0.0516 | 0.0517 |
| 0.55 | 0.1274 | 0.1275 | 0.0491 | 0.0492 |
| 0.6 | 0.1152 | 0.1153 | 0.0456 | 0.0457 |
| 0.65 | 0.1013 | 0.1014 | 0.0413 | 0.0413 |
| 0.7 | 0.0863 | 0.0863 | 0.0362 | 0.0363 |
| 0.75 | 0.0706 | 0.0706 | 0.0306 | 0.0307 |
| 0.8 | 0.0547 | 0.0547 | 0.0246 | 0.0247 |
| 0.85 | 0.0392 | 0.0392 | 0.0184 | 0.0185 |
| 0.9 | 0.0246 | 0.0246 | 0.0121 | 0.0122 |
| 0.95 | 0.0114 | 0.0114 | 0.006 | 0.006 |
| 1 | 0 | 0 | 0 | 0 |

**Airfoil C** -------------------------------------

**Parameters:**  r = 0.01   R = 0.05   ξoR = 0.32   ηoR = 0.1

**Airfoil D** ---x---x---x---x---x---x---x---

**Parameters:**  r = 0.01   R = 0.05   ξoR = 0.32   ηoR = 0.1   ψ = 0.06278

β1 = -0.203   β2 = -0.115

xC := 0, 0.001 .. 1   xD := 0, 0.025 .. 1

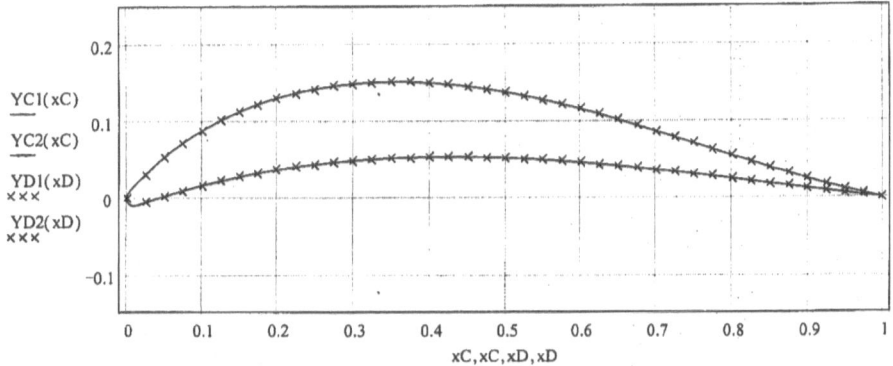

YC1(xC)
——
YC2(xC)
——
YD1(xD)
× × ×
YD2(xD)
× × ×

$$x_C, x_C, x_D, x_D$$

**Fig. 4**

**Table # 4. Coordinates of Points**   x := 0, 0.05 .. 1

| x | YCupper(x) | YDupper(x) | YClower(x) | YDlower(x) |
|---|---|---|---|---|
| 0 | 0 | 0 | 0 | 0 |
| 0.05 | 0.0533 | 0.0533 | 0.0023 | 0.0023 |
| 0.1 | 0.0876 | 0.0876 | 0.0163 | 0.0163 |
| 0.15 | 0.1124 | 0.1124 | 0.0277 | 0.0277 |
| 0.2 | 0.13 | 0.13 | 0.0367 | 0.0367 |
| 0.25 | 0.1418 | 0.1418 | 0.0436 | 0.0436 |
| 0.3 | 0.1486 | 0.1486 | 0.0485 | 0.0485 |
| 0.35 | 0.1511 | 0.1511 | 0.0515 | 0.0515 |
| 0.4 | 0.1498 | 0.1498 | 0.053 | 0.053 |
| 0.45 | 0.1452 | 0.1452 | 0.053 | 0.053 |
| 0.5 | 0.1376 | 0.1376 | 0.0517 | 0.0517 |
| 0.55 | 0.1275 | 0.1275 | 0.0492 | 0.0492 |
| 0.6 | 0.1153 | 0.1153 | 0.0457 | 0.0457 |
| 0.65 | 0.1015 | 0.1014 | 0.0414 | 0.0413 |
| 0.7 | 0.0864 | 0.0863 | 0.0363 | 0.0363 |
| 0.75 | 0.0707 | 0.0706 | 0.0307 | 0.0307 |
| 0.8 | 0.0548 | 0.0547 | 0.0247 | 0.0247 |
| 0.85 | 0.0393 | 0.0392 | 0.0185 | 0.0185 |
| 0.9 | 0.0247 | 0.0246 | 0.0122 | 0.0122 |
| 0.95 | 0.0114 | 0.0114 | 0.006 | 0.006 |
| 1 | 0 | 0 | 0 | 0 |

## Глава 5. Математическое моделирование профилей крыльев, серия E-G.

Важнейшим свойством профилей крыльев, моделируемых $D_n$- кривыми, является возможность вариации их формы за счет изменения площади и координат центра масс.

Если известны главные функции профиля, то $\omega, x_g, y_g$ определяются формулами (3.1) – (3.3). Нам же предстоит решить обратную задачу,– найти главные функции, если заданы параметры $\omega, x_g, y_g$.

В этой главе решены три задачи, посвященные этим вопросам.

### 5.1. Задача E. Профили, для которых заданы параметры: $r, \omega, x_M, x_m, \beta$.

### 5.1.1. Постановка и решение задачи E.

Обратимся к задаче A. Будем считать, что Схемы моделирования A и E идентичны. Это означает, что $\Gamma_1$ и $\Gamma_2$ профиля задачи E моделируются составными кривыми $D_3(l_1) \oplus D_2(l_3)$ и $D_1(l_0) \oplus D_3(l_2) \oplus D_2(l_4)$, где функции $D_n$- кривых задачи E аналогичны (А24), (А25) и (А.27) – (А.29). Отличие состоит лишь в формулах коэффициентов $c_1, d_1$ и $c_2, d_2$, которые в зависимости от неизвестных задачи E имеют вид:

$$d_1 = d_1(\Phi_1) = \frac{A_1 - B_1(\Delta\beta) \cdot x_M{}^2}{\mu_1(s_1) - \nu_1(s_1) \cdot x_M{}^2},$$

$$c_1 = c_1(\Phi_1) = B_1(\Delta\beta) - d_1(\Phi_1) \cdot \nu_1(s_1),$$

$$A_1 = -1 + \frac{x_M}{r}, \quad B_1(\Delta\beta) = -1 + \frac{1}{r} + \sin(\beta - \Delta\beta),$$

$$\mu_1(s_1) = x_M{}^3 - (x_M - s_1)^3, \quad \nu_1(s_1) = 1 - (1 - s_1)^3, \quad \Phi_1 = \{s_1, \Delta\beta\}.$$

$$d_2 = d_2(\Phi_2) = \frac{A_2 - B_2(\Delta\beta) \cdot \lambda(x_p)}{\mu_2(x_p, s_2) - \nu_2(x_p, s_2) \cdot \lambda(x_p)},$$

$$c_2 = c_2(\Phi_2) = \frac{1}{(1 - x_p)^2} \cdot \left[ B_2(\Delta\beta) - d_2(\Phi_2) \cdot \nu_2(x_p, s_2) \right],$$

$$A_2 = 1 - \frac{x_m}{r}, \quad B_2(\Delta\beta) = 1 - \frac{1}{r} + \sin(\beta + \Delta\beta),$$

$$\mu_2(x_p, s_2) = (x_m - x_p)^3 - (x_m - s_2)^3, \quad \nu_2(x_p, s_2) = (1 - x_p)^3 - (1 - s_2)^3,$$

$$\lambda(x_p) = \left( \frac{x_m - x_p}{1 - x_p} \right)^2, \quad \Phi_2 = \{x_p, s_2, \Delta\beta\},$$

где
$$\beta_1 = \beta - \Delta\beta, \quad \beta_2 = \beta + \Delta\beta, \tag{E.1}$$

$\beta$ — угол наклона касательной, проведенной к линии изгиба профиля в точке B;

$\Delta\beta$ — неизвестное изменение углов $\beta_1$ и $\beta_2$.

Запишем главные функции

$$Y_1(x, \Phi_1) = \begin{vmatrix} y_1(x, \Phi_1), x \in [0, s_1), \\ y_3(x, \Phi_1), x \in [s_1, 1], \end{vmatrix} \tag{E.2}$$

$$U_1(x, \Phi_1) = \begin{vmatrix} u_1(x, \Phi_1), x \in [0, s_1), \\ u_3(x, \Phi_1), x \in [s_1, 1], \end{vmatrix} \tag{E.3}$$

$$Y_2(x, \Phi_2) = \begin{vmatrix} y_0(x), x \in [0, x_p), \\ y_2(x, \Phi_2), x \in [x_p, s_2), \\ y_4(x, \Phi_2), x \in [s_2, 1], \end{vmatrix} \tag{E.4}$$

$$U_2(x, \Phi_2) = \begin{vmatrix} u_0(x), x \in [0, x_p), \\ u_2(x, \Phi_2), x \in [x_p, s_2), \\ u_4(x, \Phi_2), x \in [s_2, 1]. \end{vmatrix} \tag{E.5}$$

Образуем функцию площади

$$\Omega(\Phi) = \int_0^1 \left[ Y_1(x, \Phi_1) - Y_2(x, \Phi_2) \right] dx. \tag{E.6}$$

Эта функция является общей для задач E - G, но неизвестные, входящие в $\Phi_1$ и $\Phi_2$, для каждой из задач различны.

Воспользуемся (E.6), граничными условиями (A.10), (A.23) и функцией $H(\Phi)$, получим

$$\begin{cases} \Omega(\Phi) - \omega = 0, \\ y_3(1, \Phi_1) = 0, \\ y_4(1, \Phi_2) = 0, \\ H(\Phi) = 0, \end{cases} \tag{E.7}$$

$$H(\Phi) = s_2 - s_1 +$$
$$+ \frac{u_2(s_2, \Phi_2) + u_1(s_1, \Phi_1)}{\sqrt{1 - u^2_2(s_2, \Phi_2)} + \sqrt{1 - u^2_1(s_1, \Phi_1)}} \left[ y_2(s_2, \Phi_2) - y_1(s_1, \Phi_1) \right]. \tag{E.8}$$

Решая систему уравнений (E.7), находим все неизвестные. Главные функции получают окончательный вид:

$$Y_1(x) = Y_1(x, \Phi_1), \qquad U_1(x) = U_1(x, \Phi_1), \tag{E.9}$$
$$Y_2(x) = Y_2(x, \Phi_2), \qquad U_2(x) = U_2(x, \Phi_2). \tag{E.10}$$

Задача решена.

### 5.1.2. Программа E

Программа моделирует профиль крыла, если заданы параметры $r, \omega$, $x_M, x_m, \beta$. Выполнен расчет профиля E, для которого изготовлены чертеж и таблица координат точек.

Дополнительно рассчитаны параметры этого профиля, необходимые для решения задач F и G.

Профиль E: $r = 0.01$, $\omega = 0.07$, $x_M = 0.35$, $x_m = 0.4$, $\beta = -0.1$;
Профиль F: $r = 0.01$, $\omega = 0.07$, $x_g = 0.4102$, $\psi = 0.02945$, $\eta_{0R} = 0.0866$;
Профиль G: $r = 0.01$, $\omega = 0.07$, $x_g = 0.4102$, $y_g = 0.0671$, $\beta = -0.1$.

## PROGRAM E

**1. Parameters:**  $r := 0.01$   $\omega = 0.07$   $xM = 0.35$   $xm = 0.4$   $\beta := -0.1$

**2. Upper Surface**   $A1 := -1 + \dfrac{xM}{r}$   $B1(\Delta\beta) := -1 + \dfrac{1}{r} + \sin(\beta - \Delta\beta)$

$\varepsilon := 10^{-4}$   $\mu1(s1) := xM^3 - (xM - s1)^3$   $v1(s1) := 1 - (1 - s1)^3$

$d1(s1,\Delta\beta) := \dfrac{A1 - B1(\Delta\beta) \cdot xM^2}{\mu1(s1) - v1(s1) \cdot xM^2}$   $c1(s1,\Delta\beta) := B1(\Delta\beta) - d1(s1,\Delta\beta) \cdot v1(s1)$

**D3(L1)**   $u1(x,s1,\Delta\beta) := 1 - \dfrac{x}{r} + c1(s1,\Delta\beta) \cdot x^2 + d1(s1,\Delta\beta) \cdot x^3$

$$y1(x,s1,\Delta\beta) := \sqrt{(2 \cdot r - \varepsilon) \cdot \varepsilon} + \int_{\varepsilon}^{x} \dfrac{u1(x,s1,\Delta\beta)}{\sqrt{1 - u1(x,s1,\Delta\beta)^2}}\, dx$$

**D2(L3)**   $u3(x,s1,\Delta\beta) := u1(x,s1,\Delta\beta) - d1(s1,\Delta\beta) \cdot (x - s1)^3$

$$y3(x,s1,\Delta\beta) := y1(s1,s1,\Delta\beta) + \int_{s1}^{x} \dfrac{u3(x,s1,\Delta\beta)}{\sqrt{1 - u3(x,s1,\Delta\beta)^2}}\, dx$$

**3. Lower Surface**   $A2 := 1 - \dfrac{xm}{r}$   $B2(\Delta\beta) := 1 - \dfrac{1}{r} + \sin(\beta + \Delta\beta)$

$\lambda(xp) := \left(\dfrac{xm - xp}{1 - xp}\right)^2$   $\mu2(xp,s2) := (xm - xp)^3 - (xm - s2)^3$   $v2(xp,s2) := (1 - xp)^3 - (1 - s2)^3$

$$d2(xp,s2,\Delta\beta) := \dfrac{A2 - B2(\Delta\beta) \cdot \lambda(xp)}{\mu2(xp,s2) - v2(xp,s2) \cdot \lambda(xp)}$$

$$c2(xp,s2,\Delta\beta) := \dfrac{1}{(1 - xp)^2} \cdot (B2(\Delta\beta) - d2(xp,s2,\Delta\beta) \cdot v2(xp,s2))$$

**D1(L0)**   $y0(x) := -\sqrt{r^2 - (r - x)^2}$   $u0(x) := -1 + \dfrac{x}{r}$

**D3(L2)**   $u2(x,xp,s2,\Delta\beta) := -1 + \dfrac{x}{r} + c2(xp,s2,\Delta\beta) \cdot (x - xp)^2 + d2(xp,s2,\Delta\beta) \cdot (x - xp)^3$

$$y2(x,xp,s2,\Delta\beta) := y0(xp) + \int_{xp}^{x} \dfrac{u2(x,xp,s2,\Delta\beta)}{\sqrt{1 - u2(x,xp,s2,\Delta\beta)^2}}\, dx$$

**D2(L4)**   $u4(x,xp,s2,\Delta\beta) := u2(x,xp,s2,\Delta\beta) - d2(xp,s2,\Delta\beta) \cdot (x - s2)^3$

$$y4(x,xp,s2,\Delta\beta) := y2(s2,xp,s2,\Delta\beta) + \int_{s2}^{x} \dfrac{u4(x,xp,s2,\Delta\beta)}{\sqrt{1 - u4(x,xp,s2,\Delta\beta)^2}}\, dx$$

### 4. Function H(Φ)

$$\rho(xp,s1,s2,\Delta\beta) \;=\; \frac{y2(s2,xp,s2,\Delta\beta) - y1(s1,s1,\Delta\beta)}{\sqrt{1 - u2(s2,xp,s2,\Delta\beta)^2} + \sqrt{1 - u1(s1,s1,\Delta\beta)^2}}$$

$$u(xp,s1,s2,\Delta\beta) := u1(s1,s1,\Delta\beta) + u2(s2,xp,s2,\Delta\beta)$$

$$H(xp,s1,s2,\Delta\beta) := s2 - s1 + u(xp,s1,s2,\Delta\beta)\cdot\rho(xp,s1,s2,\Delta\beta)$$

### 5. Functions Ya(Φ1), Ua(Φ1), Yb(Φ2), Ub(Φ2)

$$Ya(x,s1,\Delta\beta) := \begin{vmatrix} y1(x,s1,\Delta\beta) & \text{if } 0\le x<s1 \\ y3(x,s1,\Delta\beta) & \text{if } s1\le x<1 \\ 0 & \text{if } x=1 \end{vmatrix} \qquad Ua(x,s1,\Delta\beta) := \begin{vmatrix} u1(x,s1,\Delta\beta) & \text{if } 0\le x<s1 \\ u3(x,s1,\Delta\beta) & \text{if } s1\le x<1 \\ \sin(\beta - \Delta\beta) & \text{if } x=1 \end{vmatrix}$$

$$Yb(x,xp,s2,\Delta\beta) := \begin{vmatrix} y0(x) & \text{if } 0\le x<xp \\ y2(x,xp,s2,\Delta\beta) & \text{if } xp\le x<s2 \\ y4(x,xp,s2,\Delta\beta) & \text{if } s2\le x<1 \\ 0 & \text{if } x=1 \end{vmatrix}$$

$$Ub(x,xp,s2,\Delta\beta) := \begin{vmatrix} u0(x) & \text{if } 0\le x<xp \\ u2(x,xp,s2,\Delta\beta) & \text{if } xp\le x<s2 \\ u4(x,xp,s2,\Delta\beta) & \text{if } s2\le x<1 \\ \sin(\beta + \Delta\beta) & \text{if } x=1 \end{vmatrix}$$

### 6. Function Ω(Φ)

$$\Omega(xp,s1,s2,\Delta\beta) := \int_0^1 (Ya(x,s1,\Delta\beta) - Yb(x,xp,s2,\Delta\beta))\, dx$$

### 7. Solution to Equations

$$xp = \varepsilon \qquad s1 := r \qquad s2 := 2\cdot r \qquad \Delta\beta = -0.05$$

Given

$$y3(1,s1,\Delta\beta)=0 \qquad y4(1,xp,s2,\Delta\beta)=0 \qquad H(xp,s1,s2,\Delta\beta)=0$$

$$\Omega(xp,s1,s2,\Delta\beta) - \omega = 0$$

$$\begin{bmatrix} xp \\ s1 \\ s2 \\ \Delta\beta \end{bmatrix} = Find(xp,s1,s2,\Delta\beta) \qquad xp = 0.00852 \qquad s1 = 0.00794 \qquad s2 = 0.02026$$

$$\beta1 := \beta - \Delta\beta \qquad \beta1 = -0.162 \qquad \beta2 := \beta + \Delta\beta \qquad \beta2 = -0.038$$

### 8. Main Functions

$$Y1(x) := Ya(x,s1,\Delta\beta) \qquad\qquad U1(x) := Ua(x,s1,\Delta\beta)$$
$$Y2(x) := Yb(x,xp,s2,\Delta\beta) \qquad\qquad U2(x) := Ub(x,xp,s2,\Delta\beta)$$

### 9. Ordinates of Points M and m

$$yM := Y1(xM) \quad yM = 0.1425 \qquad ym := Y2(xm) \quad ym = 0.0321$$

### 10. Camber line

$$H(c,d) := d - c + \frac{U2(d) + U1(c)}{\sqrt{1 - U2(d)^2} + \sqrt{1 - U1(c)^2}}\cdot(Y2(d) - Y1(c))$$

$$d := 3\cdot r \qquad d(c) := root(H(c,d),d) \qquad \rho c(c) := -\frac{Y2(d(c)) - Y1(c)}{\sqrt{1 - U2(d(c))^2} + \sqrt{1 - U1(c)^2}}$$

$$xc(c) := \begin{vmatrix} r & \text{if } c=0 \\ c + pc(c) \cdot U1(c) & \text{if } 0<c<1 \\ 1 & \text{if } c=1 \end{vmatrix}$$

$$yc(c) := \begin{vmatrix} 0 & \text{if } c=0 \\ Y1(c) - pc(c) \cdot \sqrt{1 - U1(c)^2} & \text{if } 0<c<1 \\ 0 & \text{if } c=1 \end{vmatrix}$$

**11. Airfoil E**          $r = 0.01$     $\omega = 0.07$     $xM = 0.35$     $xm = 0.4$     $\beta = -0.1$

$x := 0, 0.001 .. 1$     $c := 0, 0.05 .. 1$

**12. Coordinates of Points**   $Yupper(x) := \begin{vmatrix} 0 & \text{if } |Y1(x)| < 10^{-5} \\ Y1(x) & \text{otherwise} \end{vmatrix}$   $Ylower(x) := \begin{vmatrix} 0 & \text{if } |Y2(x)| < 10^{-5} \\ Y2(x) & \text{otherwise} \end{vmatrix}$

$x := 0, 0.05 .. 1$

$c := 0, 0.05 .. 1$

| x | Yupper(x) | Ylower(x) | xc(c) | yc(c) |
|---|---|---|---|---|
| 0 | 0 | 0 | 0.01 | 0 |
| 0.05 | 0.0508 | -0.0013 | 0.0664 | 0.0294 |
| 0.1 | 0.0835 | 0.0085 | 0.1184 | 0.0501 |
| 0.15 | 0.107 | 0.0163 | 0.1668 | 0.0645 |
| 0.2 | 0.1236 | 0.0224 | 0.2133 | 0.0746 |
| 0.25 | 0.1345 | 0.0268 | 0.2589 | 0.0814 |
| 0.3 | 0.1406 | 0.0298 | 0.3043 | 0.0854 |
| 0.35 | 0.1425 | 0.0315 | 0.35 | 0.087 |
| 0.4 | 0.1407 | 0.0321 | 0.3963 | 0.0865 |
| 0.45 | 0.1358 | 0.0316 | 0.4433 | 0.0839 |
| 0.5 | 0.128 | 0.0302 | 0.4913 | 0.0797 |
| 0.55 | 0.1179 | 0.0281 | 0.5401 | 0.0738 |
| 0.6 | 0.1058 | 0.0254 | 0.5899 | 0.0666 |
| 0.65 | 0.0923 | 0.0223 | 0.6404 | 0.0583 |
| 0.7 | 0.0778 | 0.0189 | 0.6916 | 0.0493 |
| 0.75 | 0.0629 | 0.0153 | 0.7431 | 0.0399 |
| 0.8 | 0.0481 | 0.0117 | 0.7949 | 0.0305 |
| 0.85 | 0.0339 | 0.0082 | 0.8466 | 0.0214 |
| 0.9 | 0.0208 | 0.005 | 0.8981 | 0.0131 |
| 0.95 | 0.0094 | 0.0022 | 0.9493 | 0.0059 |
| 1 | 0 | 0 | 1 | 0 |

**Parameters for tasks F and G:**           $TOL = 10^{-5}$

**a) Ordinate $\eta oR$**

$e2 := 3 \cdot r$      $e2(e1) = root(H(e1,e2),e2)$      $e1 := 0.3$      $e1 := root(U1(e1) - U2(e2(e1)),e1)$

$e1 = 0.3304$      $ye1 := Y1(e1)$      $ye1 = 0.1422$

$e2 := e2(e1)$      $e2 = 0.334$      $ye2 := Y2(e2)$      $ye2 = 0.0311$

$\eta oR := yc(e1)$      $\eta oR = 0.0866$

**b) Angel $\psi$**           $\psi := -atan\left(\dfrac{e1 - e2}{ye1 - ye2}\right)$      $\psi = 0.02945$

**c) Coordinates of Center Mass**

$$I := \int_0^1 x \cdot (Y1(x) - Y2(x))\,dx \qquad xg := \frac{I}{\omega} \qquad xg = 0.4102$$

$$\delta := 0.1 \qquad yg := \frac{1}{2 \cdot \omega} \cdot \int_0^1 \left[(Y1(x) + \delta)^2 - (Y2(x) + \delta)^2\right] dx - \delta \qquad yg = 0.06706$$

## 5.2. Задача F. Профили, для которых заданы параметры: $r, \omega, x_g, \psi, \eta_{0R}$.

### 5.2.1. Постановка и решение задачи F.

В задаче F полагаем, что Схемы моделирования C и F идентичны. В этом случае коэффициенты $c_1, d_1$ и $c_2, d_2$ выражаются формулами

$$d_1 = d_1(\Phi_1) = \frac{A_1(e_1) - B_1(\beta_1) \cdot e_1^2}{\mu_1(s_1, e_1) - \nu_1(s_1) \cdot e_1^2},$$

$$c_1 = c_1(\Phi_1) = B_1(\beta_1) - d_1(\Phi_1) \cdot \nu_1(s_1),$$

$$A_1(e_1) = -1 + \frac{e_1}{r} + \sin\psi, \quad B_1(\beta_1) = -1 + \frac{1}{r} + \sin\beta_1,$$

$$\mu_1(s_1, e_1) = e_1^3 - (e_1 - s_1)^3, \quad \nu_1(s_1) = 1 - (1 - s_1)^3, \quad \Phi_1 = \{s_1, e_1, \beta_1\}.$$

$$d_2 = d_2(\Phi_2) = \frac{A_2(e_1) - B_2(\beta_2) \cdot \lambda(x_p, e_2)}{\mu_2(x_p, s_2, e_2) - \nu_2(x_p, s_2) \cdot \lambda(x_p, e_2)},$$

$$c_2 = c_2(\Phi_2) = \frac{1}{(1 - x_p)^2} \cdot \left[ B_2(\beta) - d_2(\Phi_2) \cdot \nu_2(x_p, s_2) \right],$$

$$A_2(e_2) = 1 - \frac{e_2}{r} + \sin\psi, \quad B_2(\beta_2) = 1 - \frac{1}{r} + \sin\beta_2,$$

$$\mu_2(x_p, s_2, e_2) = (e_2 - x_p)^3 - (e_2 - s_2)^3, \quad \nu_2(x_p, s_2) = (1 - x_p)^3 - (1 - s_2)^3,$$

$$\lambda(x_p, e_2) = \left( \frac{e_2 - x_p}{1 - x_p} \right)^2, \quad \Phi_2 = \{x_p, s_2, e_2, \beta_2\}.$$

Напомним, $(e_1, ye_1), (e_2, ye_2)$ – координаты точек касания $E_1, E_2$ окружности $C_R$ и профиля.

Образуем функцию абсциссы центра масс

$$\xi_g(\Phi) = \frac{1}{\omega} \int_0^1 x \cdot \left[ Y_1(x, \Phi_1) - Y_2(x, \Phi_2) \right] dx, \qquad \text{(F.1)}$$

которая является общей для задач F и G. Воспользуемся (E.6), (F.1), граничными условиями

$$y_3(e_1) = ye_1, \quad y_3(1) = 0,$$
$$y_4(e_2) = ye_2, \quad y_4(1) = 0$$

и функцией $H(\Phi)$. Запишем систему уравнений для определения неизвестных.

$$\begin{cases} \Omega(\Phi) - \omega = 0, \\ \xi_g(\Phi) - x_g = 0, \\ y_3(e_1, \Phi_1) - \eta_{0R} - R \cdot \cos\psi = 0, \\ y_3(1, \Phi_1) = 0, \\ y_4(e_2, \Phi_2) - \eta_{0R} + R \cdot \cos\psi = 0, \\ y_4(1, \Phi_2) = 0, \\ H(\Phi) = 0, \\ e_2 - e_1 - 2 \cdot R \cdot \sin\psi = 0, \end{cases} \tag{F.2}$$

Последнее уравнение в (F.2) предназначено для определения радиуса $R$. Решая систему уравнений, находим неизвестные задачи F и представляем главные функции в виде (E.9), (E.10).

## 5.2.2. Программа F.

Программа позволяет рассчитать профили , для которых заданы параметры $r, \omega, x_g, \psi, \eta_{0R}$. С помощью этой программы изготовлены чертеж и таблица координат точек профиля F. Значения параметров профиля приведены в 5.1.2. Нетрудно видеть, — профили E и F совпадают.

## PROGRAM F

**1. Parameters:**     $r = 0.01$     $\omega = 0.07$     $xg = 0.4102$     $\psi = 0.02945$     $\eta oR = 0.0866$

**2. Upper Surface**     $\varepsilon = 10^{-4}$     $A1(e1) = -1 + \dfrac{e1}{r} + \sin(\psi)$     $B1(\beta1) = -1 + \dfrac{1}{r} + \sin(\beta1)$

$$\mu1(s1,e1) = e1^3 - (e1 - s1)^3 \qquad v1(s1) = 1 - (1 - s1)^3$$

$$d1(s1,e1,\beta1) = \frac{A1(e1) - B1(\beta1) \cdot e1^2}{\mu1(s1,e1) - v1(s1) \cdot e1^2} \qquad c1(s1,e1,\beta1) = B1(\beta1) - v1(s1) \cdot d1(s1,e1,\beta1)$$

**D3(L1)**     $u1(x,s1,e1,\beta1) = 1 - \dfrac{x}{r} + c1(s1,e1,\beta1) \cdot x^2 + d1(s1,e1,\beta1) \cdot x^3$

$$y1(x,s1,e1,\beta1) = \sqrt{(2 \cdot r - \varepsilon) \cdot \varepsilon} + \int_{\varepsilon}^{x} \frac{u1(x,s1,e1,\beta1)}{\sqrt{1 - u1(x,s1,e1,\beta1)^2}} \, dx$$

**D2(L3)**     $u3(x,s1,e1,\beta1) = u1(x,s1,e1,\beta1) - d1(s1,e1,\beta1) \cdot (x - s1)^3$

$$y3(x,s1,e1,\beta1) = y1(s1,s1,e1,\beta1) + \int_{s1}^{x} \frac{u3(x,s1,e1,\beta1)}{\sqrt{1 - u3(x,s1,e1,\beta1)^2}} \, dx$$

**3. Lower Surface**

**D1(L0)**     $y0(x) = -\sqrt{r^2 - (r - x)^2} \qquad u0(x) = -1 + \dfrac{x}{r}$

$$A2(e2) = 1 - \frac{e2}{r} + \sin(\psi) \qquad B2(\beta2) = 1 - \frac{1}{r} + \sin(\beta2) \qquad \lambda(xp,e2) = \left(\frac{e2 - xp}{1 - xp}\right)^2$$

$$\mu2(xp,s2,e2) = (e2 - xp)^3 - (e2 - s2)^3 \qquad v2(xp,s2) = (1 - xp)^3 - (1 - s2)^3$$

$$d2(xp,s2,e2,\beta2) = \frac{A2(e2) - B2(\beta2) \cdot \lambda(xp,e2)}{\mu2(xp,s2,e2) - v2(xp,s2) \cdot \lambda(xp,e2)}$$

$$c2(xp,s2,e2,\beta2) = \frac{1}{(1 - xp)^2} \cdot (B2(\beta2) - v2(xp,s2) \cdot d2(xp,s2,e2,\beta2))$$

**D3(L2)**     $u2(x,xp,s2,e2,\beta2) = -1 + \dfrac{x}{r} + c2(xp,s2,e2,\beta2) \cdot (x - xp)^2 + d2(xp,s2,e2,\beta2) \cdot (x - xp)^3$

$$y2(x,xp,s2,e2,\beta2) = y0(xp) + \int_{xp}^{x} \frac{u2(x,xp,s2,e2,\beta2)}{\sqrt{1 - u2(x,xp,s2,e2,\beta2)^2}} \, dx$$

**D2(L4)**     $u4(x,xp,s2,e2,\beta2) = u2(x,xp,s2,e2,\beta2) - d2(xp,s2,e2,\beta2) \cdot (x - s2)^3$

$$y4(x,xp,s2,e2,\beta2) = y2(s2,xp,s2,e2,\beta2) + \int_{s2}^{x} \frac{u4(x,xp,s2,e2,\beta2)}{\sqrt{1 - u4(x,xp,s2,e2,\beta2)^2}} \, dx$$

## 4. Function H(Φ)

$$\rho(xp,s1,s2,e1,e2,\beta1,\beta2) := \frac{y2(s2,xp,s2,e2,\beta2) - y1(s1,s1,e1,\beta1)}{\sqrt{1 - u2(s2,xp,s2,e2,\beta2)}^2 + \sqrt{1 - u1(s1,s1,e1,\beta1)}^2}$$

$$u(xp,s1,s2,e1,e2,\beta1,\beta2) := u1(s1,s1,e1,\beta1) + u2(s2,xp,s2,e2,\beta2)$$

$$H(xp,s1,s2,e1,e2,\beta1,\beta2) := s2 - s1 + u(xp,s1,s2,e1,e2,\beta1,\beta2)\cdot\rho(xp,s1,s2,e1,e2,\beta1,\beta2)$$

## 5. Functions Ya(x,Φ1), Ua(x,Φ1), Yb(x,Φ2), Ub(x,Φ2)

$$Ya(x,s1,e1,\beta1) := \begin{vmatrix} y1(x,s1,e1,\beta1) & \text{if } 0 \leq x < s1 \\ y3(x,s1,e1,\beta1) & \text{if } s1 \leq x < 1 \\ 0 & \text{if } x = 1 \end{vmatrix}$$

$$Ua(x,s1,e1,\beta1) := \begin{vmatrix} u1(x,s1,e1,\beta1) & \text{if } 0 \leq x < s1 \\ u3(x,s1,e1,\beta1) & \text{if } s1 \leq x < 1 \\ \sin(\beta1) & \text{if } x = 1 \end{vmatrix}$$

$$Yb(x,xp,s2,e2,\beta2) := \begin{vmatrix} y0(x) & \text{if } 0 \leq x < xp \\ y2(x,xp,s2,e2,\beta2) & \text{if } xp \leq x \leq s2 \\ y4(x,xp,s2,e2,\beta2) & \text{if } s2 \leq x < 1 \\ 0 & \text{if } x = 1 \end{vmatrix}$$

$$Ub(x,xp,s2,e2,\beta2) := \begin{vmatrix} u0(x) & \text{if } 0 \leq x < xp \\ u2(x,xp,s2,e2,\beta2) & \text{if } xp \leq x \leq s2 \\ u4(x,xp,s2,e2,\beta2) & \text{if } s2 \leq x < 1 \\ \sin(\beta2) & \text{if } x = 1 \end{vmatrix}$$

## 6. Function Ω(Φ)

$$\Omega(xp,s1,s2,e1,e2,\beta1,\beta2) = \int_0^1 (Ya(x,s1,e1,\beta1) - Yb(x,xp,s2,e2,\beta2))\,dx$$

## 7. Function ξg(Φ)

$$I(xp,s1,s2,e1,e2,\beta1,\beta2) := \int_0^1 x\cdot(Ya(x,s1,e1,\beta1) - Yb(x,xp,s2,e2,\beta2))\,dx$$

$$\xi g(xp,s1,s2,e1,e2,\beta1,\beta2) := \frac{1}{\omega}\cdot I(xp,s1,s2,e1,e2,\beta1,\beta2)$$

## 8. Solution to Equations

$$xp := \varepsilon \quad s1 := r \quad s2 := r \quad e1 := 0.35 \quad e2 := 0.35$$
$$\beta1 := -0.1 \quad \beta2 := 0 \quad R := 0.05$$

Given

$$y3(e1,s1,e1,\beta1) - \eta oR - R\cdot\cos(\psi) = 0 \qquad y3(1,s1,e1,\beta1) = 0 \qquad \sin(\psi) - \frac{e2 - e1}{2\cdot R} = 0$$

$$y4(e2,xp,s2,e2,\beta2) - \eta oR + R\cdot\cos(\psi) = 0 \qquad y4(1,xp,s2,e2,\beta2) = 0$$

$$H(xp,s1,s2,e1,e2,\beta1,\beta2) = 0 \qquad \Omega(xp,s1,s2,e1,e2,\beta1,\beta2) - \omega = 0$$

$$\xi g(xp, s1, s2, e1, e2, \beta1, \beta2) - xg = 0$$

$$\begin{bmatrix} xp \\ s1 \\ s2 \\ e1 \\ e2 \\ \beta1 \\ \beta2 \\ R \end{bmatrix} := \text{Find}(xp, s1, s2, e1, e2, \beta1, \beta2, R)$$

$xp = 0.00851 \quad s1 = 0.00793 \quad s2 = 0.02026$

$e1 = 0.33 \quad\quad e2 = 0.333$

$\beta1 = -0.161 \quad \beta2 = -0.0379$

$R = 0.05561$

$Y1(x) := Ya(x, s1, e1, \beta1) \qquad U1(x) := Ua(x, s1, e1, \beta1)$

$Y2(x) := Yb(x, xp, s2, e2, \beta2) \qquad U2(x) := Ub(x, xp, s2, e2, \beta2)$

**9. Ordinate yg** $\quad \delta := 0.1 \quad yg := \dfrac{1}{2 \cdot \omega} \cdot \displaystyle\int_0^1 \left[ (Y1(x) + \delta)^2 - (Y2(x) + \delta)^2 \right] dx - \delta \quad yg = 0.0669$

**10. Circle CR** $\quad \xi oR := \dfrac{1}{2} \cdot (e1 + e2) \quad \xi R(\theta) := \xi oR + R \cdot \cos(\theta) \quad \eta R(\theta) = \eta oR + R \cdot \sin(\theta)$

$$\theta = 0, \dfrac{\pi}{50} .. 2 \cdot \pi$$

**11. Coordinates of Points M and m**

$xM := 0.3 \quad xM := \text{root}(U1(xM), xM) \quad xM = 0.35 \qquad yM := Y1(xM) \quad yM = 0.142$

$xm := 0.5 \quad xm := \text{root}(U2(xm), xm) \quad xm = 0.4 \qquad ym := Y2(xm) \quad ym = 0.032$

**12. Camber line** $\quad H(c, d) := d - c + \dfrac{U2(d) + U1(c)}{\sqrt{1 - U2(d)^2} + \sqrt{1 - U1(c)^2}} \cdot (Y2(d) - Y1(c))$

$\text{TOL} := 10^{-5} \quad d := 3 \cdot r \quad d(c) := \text{root}(H(c, d), d) \quad \rho c(c) := -\dfrac{Y2(d(c)) - Y1(c)}{\sqrt{1 - U2(d(c))^2} + \sqrt{1 - U1(c)^2}}$

$\text{TOL} := 10^{-3} \quad xc(c) := \begin{vmatrix} r & \text{if } c = 0 \\ c + \rho c(c) \cdot U1(c) & \text{if } 0 < c < 1 \\ 1 & \text{if } c = 1 \end{vmatrix} \qquad yc(c) := \begin{vmatrix} 0 & \text{if } c = 0 \\ Y1(c) - \rho c(c) \cdot \sqrt{1 - U1(c)^2} & \text{if } 0 < c < 1 \\ 0 & \text{if } c = 1 \end{vmatrix}$

**13. Ordinates of Points E1 and E2**

$ye1 := \eta oR + R \cdot \cos(\psi) \quad ye1 = 0.142 \qquad ye2 := \eta oR - R \cdot \cos(\psi) \quad ye2 = 0.031$

**14. Airfoil F** $\quad r = 0.01 \quad \omega = 0.07 \quad xg = 0.4102 \quad \psi = 0.0295 \quad \eta oR = 0.0866$

$x := 0, 0.001 .. 1 \qquad c := 0, 0.05 .. 1$

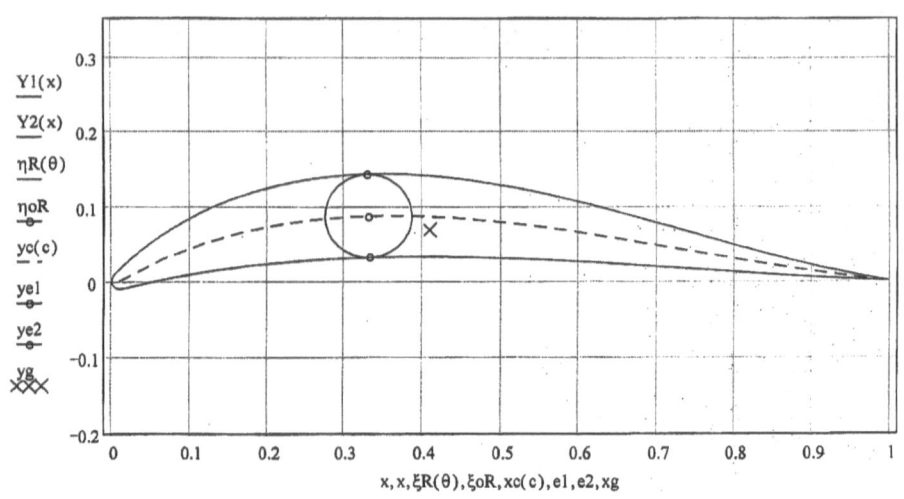

## 15. Coordinates of Points    $x := 0, 0.05 .. 1$

$$Yupper(x) := \begin{vmatrix} 0 & \text{if } |Y1(x)| < 10^{-5} \\ Y1(x) & \text{otherwise} \end{vmatrix} \quad Ylower(x) := \begin{vmatrix} 0 & \text{if } |Y2(x)| < 10^{-5} \\ Y2(x) & \text{otherwise} \end{vmatrix}$$

| x | Yupper(x) | Ylower(x) | xc(c) | yc(c) |
|---|---|---|---|---|
| 0 | 0 | 0 | 0.01 | 0 |
| 0.05 | 0.0508 | -0.0013 | 0.0664 | 0.0294 |
| 0.1 | 0.0835 | 0.0084 | 0.1184 | 0.0501 |
| 0.15 | 0.107 | 0.0163 | 0.1668 | 0.0645 |
| 0.2 | 0.1236 | 0.0223 | 0.2133 | 0.0746 |
| 0.25 | 0.1345 | 0.0268 | 0.2589 | 0.0814 |
| 0.3 | 0.1406 | 0.0298 | 0.3043 | 0.0854 |
| 0.35 | 0.1425 | 0.0314 | 0.35 | 0.087 |
| 0.4 | 0.1407 | 0.032 | 0.3962 | 0.0864 |
| 0.45 | 0.1357 | 0.0315 | 0.4433 | 0.0839 |
| 0.5 | 0.1279 | 0.0301 | 0.4913 | 0.0796 |
| 0.55 | 0.1178 | 0.028 | 0.5401 | 0.0737 |
| 0.6 | 0.1057 | 0.0254 | 0.5899 | 0.0665 |
| 0.65 | 0.0921 | 0.0222 | 0.6404 | 0.0582 |
| 0.7 | 0.0777 | 0.0188 | 0.6916 | 0.0492 |
| 0.75 | 0.0627 | 0.0153 | 0.7431 | 0.0398 |
| 0.8 | 0.0479 | 0.0117 | 0.7949 | 0.0304 |
| 0.85 | 0.0338 | 0.0082 | 0.8466 | 0.0213 |
| 0.9 | 0.0207 | 0.005 | 0.8981 | 0.013 |
| 0.95 | 0.0093 | 0.0022 | 0.9493 | 0.0058 |
| 1 | 0 | 0 | 1 | 0 |

## 5.3. Задача G. Профили, для которых заданы параметры: $r, \omega, x_g, y_g, \beta$.

### 5.3.1. Постановка и решение задачи G.

Решим задачу G, полагая, что Схемы моделирования A и G идентичны. Запишем формулы коэффициентов $c_1, d_1$ и $c_2, d_2$.

$$d_1 = d_1(\Phi_1) = \frac{A_1(x_M) - B_1(\Delta\beta) \cdot x_M{}^2}{\mu_1(s_1, x_M) - v_1(s_1) \cdot x_M{}^2},$$

$$c_1 = c_1(\Phi_1) = B_1(\Delta\beta) - d_1(\Phi_1) \cdot v_1(s_1),$$

$$A_1(x_M) = -1 + \frac{x_M}{r}, \quad B_1(\Delta\beta) = -1 + \frac{1}{r} + \sin(\beta - \Delta\beta),$$

$$\mu_1(s_1, x_M) = x_M{}^3 - (x_M - s_1)^3, \quad v_1(s_1) = 1 - (1 - s_1)^3, \quad \Phi_1 = \{s_1, x_M, \Delta\beta\}.$$

$$d_2 = d_2(\Phi_2) = \frac{A_2(x_m) - B_2(\Delta\beta) \cdot \lambda(x_p, x_m)}{\mu_2(x_p, s_2, x_m) - v_2(x_p, s_2) \cdot \lambda(x_p, x_m)},$$

$$c_2 = c_2(\Phi_2) = \frac{1}{(1 - x_p)^2} \cdot \left[ B_2(\Delta\beta) - d_2(\Phi_2) \cdot v_2(x_p, s_2) \right],$$

$$A_2(x_m) = 1 - \frac{x_m}{r}, \quad B_2(\Delta\beta) = 1 - \frac{1}{r} + \sin(\beta + \Delta\beta),$$

$$\mu_2(x_p, s_2, x_m) = (x_m - x_p)^3 - (x_m - s_2)^3, \quad v_2(x_p, s_2) = (1 - x_p)^3 - (1 - s_2)^3,$$

$$\lambda(x_p, x_m) = \left( \frac{x_m - x_p}{1 - x_p} \right)^2, \quad \Phi_2 = \{x_p, s_2, x_m, \Delta\beta\}.$$

Образуем функцию ординат центра масс

$$\eta_g(\Phi) = \eta_{1g}(\Phi_1) - \eta_{2g}(\Phi_2) - \delta, \tag{G.1}$$

Воспользуемся (E.6), (F.1), (G.1), граничными условиями (A.10), (A.23) и функцией $H(\Phi)$, получим

$$\begin{cases} \Omega(\Phi) - \omega = 0, \\ \xi_g(\Phi) - x_g = 0, \\ \eta_g(\Phi) - y_g = 0, \\ y_3(1, \Phi_1) = 0, \\ y_4(1, \Phi_2) = 0, \\ H(\Phi) = 0, \end{cases} \tag{G.2}$$

где

$$\eta_{1g}(\Phi_1) = \frac{1}{2\omega}\int_0^1 \left[Y_1(x,\Phi_1) + \delta\right]^2 dx, \quad \eta_{2g}(\Phi_2) = \frac{1}{2\omega}\int_0^1 \left[Y_2(x,\Phi_2) + \delta\right]^2 dx.$$

Решая систему уравнений (G.2), находим неизвестные и выражаем главные функции задачи G в виде (E.9), (E.10).

### 5.3.2. Программа G.

Программа позволяет рассчитать профили, если заданы параметры $r, \omega, x_g, y_g, \beta,$ и содержит контрольный расчет. Численные значения параметров профиля G приведены в 5.1.2. Сравнение чертежей и таблиц координат точек профилей E и G свидетельствуют о их совпадении.

*Замечания:*
1. В книге содержатся систематические расчеты, выполненные с помощью программы G.
2. В программах E, F, G вычисление большого числа интегралов приводит к увеличению затрат компьютерного времени.

**PROGRAM G**

**1. Parameters:**     $r := 0.01$     $\omega = 0.07$     $xg := 0.4104$     $yg := 0.067$     $\beta := -0.1$

**2. Upper Surface**     $\varepsilon := 10^{-4}$     $A1(xM) := -1 + \dfrac{xM}{r}$          $B1(\Delta\beta) := -1 + \dfrac{1}{r} + \sin(\beta - \Delta\beta)$

$$\mu1(s1,xM) := xM^3 - (xM - s1)^3 \qquad v1(s1) := 1 - (1 - s1)^3$$

$$d1(s1,xM,\Delta\beta) := \frac{A1(xM) - B1(\Delta\beta)\cdot xM^2}{\mu1(s1,xM) - v1(s1)\cdot xM^2} \qquad c1(s1,xM,\Delta\beta) := B1(\Delta\beta) - d1(s1,xM,\Delta\beta)\cdot v1(s1)$$

**D3(L1)**     $u1(x,s1,xM,\Delta\beta) := 1 - \dfrac{x}{r} + c1(s1,xM,\Delta\beta)\cdot x^2 + d1(s1,xM,\Delta\beta)\cdot x^3$

$$y1(x,s1,xM,\Delta\beta) = \sqrt{(2\cdot r - \varepsilon)\cdot\varepsilon} + \int_{\varepsilon}^{x} \frac{u1(x,s1,xM,\Delta\beta)}{\sqrt{1 - u1(x,s1,xM,\Delta\beta)^2}}\, dx$$

**D2(L3)**     $u3(x,s1,xM,\Delta\beta) := u1(x,s1,xM,\Delta\beta) - d1(s1,xM,\Delta\beta)\cdot(x - s1)^3$

$$y3(x,s1,xM,\Delta\beta) = y1(s1,s1,xM,\Delta\beta) + \int_{s1}^{x} \frac{u3(x,s1,xM,\Delta\beta)}{\sqrt{1 - u3(x,s1,xM,\Delta\beta)^2}}\, dx$$

**3. Lower Surface**     $A2(xm) := 1 - \dfrac{xm}{r}$     $B2(\Delta\beta) := 1 - \dfrac{1}{r} + \sin(\beta + \Delta\beta)$     $\lambda(xp,xm) := \left(\dfrac{xm - xp}{1 - xp}\right)^2$

$$\mu2(xp,s2,xm) := (xm - xp)^3 - (xm - s2)^3 \qquad v2(xp,s2) := (1 - xp)^3 - (1 - s2)^3$$

$$d2(xp,s2,xm,\Delta\beta) := \frac{A2(xm) - B2(\Delta\beta)\cdot\lambda(xp,xm)}{\mu2(xp,s2,xm) - v2(xp,s2)\cdot\lambda(xp,xm)}$$

$$c2(xp,s2,xm,\Delta\beta) := \frac{1}{(1 - xp)^2}\cdot(B2(\Delta\beta) - d2(xp,s2,xm,\Delta\beta)\cdot v2(xp,s2))$$

**D1(L0)**     $y0(x) := -\sqrt{r^2 - (r - x)^2}$     $u0(x) := -1 + \dfrac{x}{r}$

**D3(L2)**     $u2(x,xp,s2,xm,\Delta\beta) := -1 + \dfrac{x}{r} + c2(xp,s2,xm,\Delta\beta)\cdot(x - xp)^2 + d2(xp,s2,xm,\Delta\beta)\cdot(x - xp)^3$

$$y2(x,xp,s2,xm,\Delta\beta) := y0(xp) + \int_{xp}^{x} \frac{u2(x,xp,s2,xm,\Delta\beta)}{\sqrt{1 - u2(x,xp,s2,xm,\Delta\beta)^2}}\, dx$$

**D2(L4)**     $u4(x,xp,s2,xm,\Delta\beta) := u2(x,xp,s2,xm,\Delta\beta) - d2(xp,s2,xm,\Delta\beta)\cdot(x - s2)^3$

$$y4(x,xp,s2,xm,\Delta\beta) := y2(s2,xp,s2,xm,\Delta\beta) + \int_{s2}^{x} \frac{u4(x,xp,s2,xm,\Delta\beta)}{\sqrt{1 - u4(x,xp,s2,xm,\Delta\beta)^2}}\, dx$$

### 4. Function H($\Phi$)

$$\rho(xp,s1,s2,xM,xm,\Delta\beta) := \frac{y2(s2,xp,s2,xm,\Delta\beta) - y1(s1,s1,xM,\Delta\beta)}{\sqrt{1 - u2(s2,xp,s2,xm,\Delta\beta)^2} + \sqrt{1 - u1(s1,s1,xM,\Delta\beta)^2}}$$

$$u(xp,s1,s2,xM,xm,\Delta\beta) := u1(s1,s1,xM,\Delta\beta) + u2(s2,xp,s2,xm,\Delta\beta)$$

$$H(xp,s1,s2,xM,xm,\Delta\beta) := s2 - s1 + u(xp,s1,s2,xM,xm,\Delta\beta) \cdot \rho(xp,s1,s2,xM,xm,\Delta\beta)$$

### 5. Functions Ya(x,$\Phi$1), Ua(x,$\Phi$1), Yb(x,$\Phi$2), Ub(x,$\Phi$2)

$$Ya(x,s1,xM,\Delta\beta) := \begin{cases} y1(x,s1,xM,\Delta\beta) & \text{if } 0 \leq x < s1 \\ y3(x,s1,xM,\Delta\beta) & \text{if } s1 \leq x < 1 \\ 0 & \text{if } x = 1 \end{cases}$$

$$Ua(x,s1,xM,\Delta\beta) := \begin{cases} u1(x,s1,xM,\Delta\beta) & \text{if } 0 \leq x < s1 \\ u3(x,s1,xM,\Delta\beta) & \text{if } s1 \leq x < 1 \\ \sin(\beta - \Delta\beta) & \text{if } x = 1 \end{cases}$$

$$Yb(x,xp,s2,xm,\Delta\beta) := \begin{cases} y0(x) & \text{if } 0 \leq x < xp \\ y2(x,xp,s2,xm,\Delta\beta) & \text{if } xp \leq x < s2 \\ y4(x,xp,s2,xm,\Delta\beta) & \text{if } s2 \leq x < 1 \\ 0 & \text{if } x = 1 \end{cases}$$

$$Ub(x,xp,s2,xm,\Delta\beta) := \begin{cases} u0(x) & \text{if } 0 \leq x < xp \\ u2(x,xp,s2,xm,\Delta\beta) & \text{if } xp \leq x < s2 \\ u4(x,xp,s2,xm,\Delta\beta) & \text{if } s2 \leq x < 1 \\ \sin(\beta + \Delta\beta) & \text{if } x = 1 \end{cases}$$

### 6. Function $\Omega$($\Phi$)

$$\Omega(xp,s1,s2,xM,xm,\Delta\beta) := \int_0^1 (Ya(x,s1,xM,\Delta\beta) - Yb(x,xp,s2,xm,\Delta\beta))\, dx$$

### 7. Function $\xi g$($\Phi$)

$$I(xp,s1,s2,xM,xm,\Delta\beta) := \int_0^1 x \cdot (Ya(x,s1,xM,\Delta\beta) - Yb(x,xp,s2,xm,\Delta\beta))\, dx$$

$$\xi g(xp,s1,s2,xM,xm,\Delta\beta) := \frac{1}{\omega} \cdot I(xp,s1,s2,xM,xm,\Delta\beta)$$

### 8. Function $\eta g$($\Phi$)

$$\delta := 0.1 \qquad \eta 1g(s1,xM,\Delta\beta) := \frac{1}{2\cdot\omega} \cdot \int_0^1 (Ya(x,s1,xM,\Delta\beta) + \delta)^2\, dx$$

$$\eta 2g(xp,s2,xm,\Delta\beta) := \frac{1}{2\cdot\omega} \cdot \int_0^1 (Yb(x,xp,s2,xm,\Delta\beta) + \delta)^2\, dx$$

$$\eta g(xp,s1,s2,xM,xm,\Delta\beta) := \eta 1g(s1,xM,\Delta\beta) - \eta 2g(xp,s2,xm,\Delta\beta) - \delta$$

### 9. Solution to Equations

$$xp := \varepsilon \qquad s1 := r \qquad s2 := 2 \cdot r \qquad xM := 0.35 \qquad xm := 0.4 \qquad \Delta\beta := -0.05$$

Given

$$y3(1,s1,xM,\Delta\beta)=0 \qquad y4(1,xp,s2,xm,\Delta\beta)=0$$

$$\Omega(xp,s1,s2,xM,xm,\Delta\beta) - \omega=0 \qquad \eta g(xp,s1,s2,xM,xm,\Delta\beta) - yg=0$$

$$\xi g(xp,s1,s2,xM,xm,\Delta\beta) - xg=0 \qquad H(xp,s1,s2,xM,xm,\Delta\beta)=0$$

$$\begin{bmatrix} xp \\ s1 \\ s2 \\ xM \\ xm \\ \Delta\beta \end{bmatrix} := \text{Find}(xp,s1,s2,xM,xm,\Delta\beta) \qquad \begin{aligned} xp &= 0.00852 & xM &= 0.35 & xm &= 0.4 \\ & & s1 &= 0.00794 & s2 &= 0.0203 \\ & & \beta1 &:= \beta - \Delta\beta & \beta1 &= -0.162 \\ & & \beta2 &:= \beta + \Delta\beta & \beta2 &= -0.038 \end{aligned}$$

### 10. Main Functions

$$Y1(x) := Ya(x,s1,xM,\Delta\beta) \qquad U1(x) := Ua(x,s1,xM,\Delta\beta)$$
$$Y2(x) := Yb(x,xp,s2,xm,\Delta\beta) \qquad U2(x) := Ub(x,xp,s2,xm,\Delta\beta)$$

### 11. Ordinates of Points M and m

$$yM := Y1(xM) \qquad yM = 0.1425 \qquad ym := Y2(xm) \qquad ym = 0.0321$$

### 12. Camber line

$$H(c,d) := d - c + \frac{U2(d) + U1(c)}{\sqrt{1 - U2(d)^2} + \sqrt{1 - U1(c)^2}} \cdot (Y2(d) - Y1(c))$$

$$d := 3 \cdot r \qquad d(c) := \text{root}(H(c,d),d) \qquad \rho c(c) := -\frac{Y2(d(c)) - Y1(c)}{\sqrt{1 - U2(d(c))^2} + \sqrt{1 - U1(c)^2}}$$

$$xc(c) := \begin{vmatrix} r & \text{if } c=0 \\ c + \rho c(c) \cdot U1(c) & \text{if } 0<c<1 \\ 1 & \text{if } c=1 \end{vmatrix} \qquad yc(c) := \begin{vmatrix} 0 & \text{if } c=0 \\ Y1(c) - \rho c(c) \cdot \sqrt{1 - U1(c)^2} & \text{if } 0<c<1 \\ 0 & \text{if } c=1 \end{vmatrix}$$

### 13. Airfoil G

$$r = 0.01 \qquad \omega = 0.07 \qquad xg = 0.4104 \qquad yg = 0.067 \qquad \beta = -0.1$$
$$x := 0,0.001 .. 1 \qquad c := 0,0.05 .. 1$$

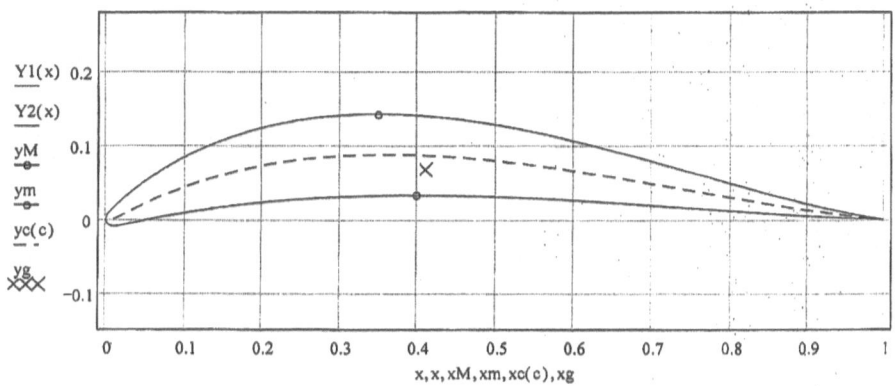

BORIS DOLOMANOV

## 14. Coordinates of Points

$$Yupper(x) = \begin{vmatrix} 0 & \text{if } |Y1(x)| < 10^{-5} \\ Y1(x) & \text{otherwise} \end{vmatrix} \qquad Ylower(x) = \begin{vmatrix} 0 & \text{if } Y2(x) < 10^{-5} \\ Y2(x) & \text{otherwise} \end{vmatrix} \qquad x = 0, 0.05 .. 1$$

| | Airfoil | | Camber line | |
|---|---|---|---|---|
| x | Yupper(x) | Ylower(x) | xc(c) | yc(c) |
| 0 | 0 | 0 | 0.01 | 0 |
| 0.05 | 0.0508 | -0.0013 | 0.0664 | 0.0295 |
| 0.1 | 0.0835 | 0.0085 | 0.1184 | 0.0502 |
| 0.15 | 0.107 | 0.0164 | 0.1668 | 0.0646 |
| 0.2 | 0.1236 | 0.0224 | 0.2133 | 0.0747 |
| 0.25 | 0.1345 | 0.0269 | 0.2589 | 0.0814 |
| 0.3 | 0.1406 | 0.0299 | 0.3043 | 0.0855 |
| 0.35 | 0.1425 | 0.0316 | 0.35 | 0.0871 |
| 0.4 | 0.1408 | 0.0321 | 0.3963 | 0.0865 |
| 0.45 | 0.1358 | 0.0316 | 0.4433 | 0.084 |
| 0.5 | 0.128 | 0.0303 | 0.4913 | 0.0797 |
| 0.55 | 0.1179 | 0.0282 | 0.5401 | 0.0738 |
| 0.6 | 0.1058 | 0.0255 | 0.5899 | 0.0666 |
| 0.65 | 0.0923 | 0.0223 | 0.6404 | 0.0583 |
| 0.7 | 0.0778 | 0.0189 | 0.6916 | 0.0493 |
| 0.75 | 0.0629 | 0.0153 | 0.7431 | 0.0399 |
| 0.8 | 0.0481 | 0.0117 | 0.7949 | 0.0305 |
| 0.85 | 0.0339 | 0.0082 | 0.8466 | 0.0214 |
| 0.9 | 0.0208 | 0.005 | 0.8981 | 0.0131 |
| 0.95 | 0.0094 | 0.0022 | 0.9493 | 0.0059 |
| 1 | 0 | 0 | 1 | 0 |

# Заключение

Итак, подведем итог наших исследований.

В книге решены пять новых задач. К ним относятся задачи C, D и E − G. Укажем лишь на основные идеи.

Постановка задач C, D предусматривает вариацию профиля за счет изменения координат центра вписанной окружности максимального радиуса. Обратим внимание, если каждая $D_n$- кривая по определению доставляет минимум длины, то составная кривая в общем случае таким свойством не обладает. Эти соображения привели к формулировке в задаче C требования минимальности длины контура профиля. Однако, данное требование нуждается в дальнейшем анализе.

Группа задач E − G занинает особое место в теории Метода. Действительно, такие параметры как площадь и координаты центра масс понятны даже начинающему специалисту. Их задание существенно расширяет возможности моделирования профилей сложных форм. Эффективное решение задач достигается введением интегральных функций площади и координат центра масс. Систематические расчеты, выполненные с помощью программы G, иллюстрируют характер вариации профилей в зависимости от этих параметров.

Уважаемый читатель, автор с благодарностью воспримет все предложения и замечания к опубликованной для Вас книге.

Желаю успехов в изучении математических методов проектирования!

## Список литературы

1. Бронштейн И .Н., Семендяев К. А., Справочник по математике. Москва , " Наука", 1968.

2. Гурский Д. А., Вычисления в MathCAD, Минск , ООО. "Новое знание", 2003.

3. Завадовский Н.Ю. Теория и методы расчета гребных винтов сложной геометрии, Санкт-Петербург, ЦНИИ им. А.Н.Крылова, 2004.

4. Смирнов В.И. Курс высшей математики. Москва, "Наука", 1974.

5. Foux L.D., Pratt M.J., Computational geometry for design and manufacture. John Wiley & Sons, New York.

6. Ira H.Abbott, Albert E.von Doenhoff, Theory of wing sections. Dover publications Inc, New York.

7. Boris Dolomanov, Mathematical modeling of wing sections. Xlibris, USA, 2012.

8. Boris Dolomanov, Mathematical design of wing sections, in Russian language. Xlibris, USA, 2012.

Систематические расчеты

1. Вариация профиля в зависимости от изменения координат центра окружности $C_R$.

> $C_R$ — вписанная в профиль окружность максимального радиуса;
> $R$ — радиус окружности;
> $(\xi_{0R}, \eta_{0R})$ — координаты центра;
>
> $r$ — радиус носика профиля, $r = \dfrac{R}{5}$.

Таблица 2

| Профили | $R$ | $\xi_{0R}$ | $\eta_{0R}$ |
|:---:|:---:|:---:|:---:|
| 1 | 0.05 | 0.33 | 0.02 |
| 2 | | | 0.04 |
| 3 | | | 0.06 |
| 4 | | | 0.08 |
| 5 | 0.05 | 0.35 | 0.02 |
| 6 | | | 0.04 |
| 7 | | | 0.06 |
| 8 | | | 0.08 |

Расчеты выполнены по программе С.

**Airfoil # 1**

**Parameters:** r = 0.01 R = 0.05 ξoR = 0.33 ηoR = 0.02

x := 0, 0.001 .. 1 c := 0, 0.05 .. 1

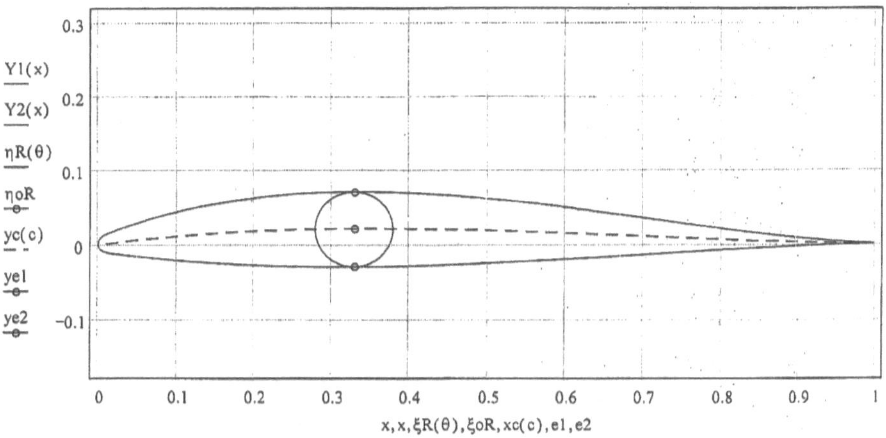


**Coordinates of Points** x := 0, 0.05 .. 1

| x | Yupper(x) | Ylower(x) | xc(c) | yc(c) |
|---|---|---|---|---|
| 0 | 0 | 0 | 0.01 | 0 |
| 0.05 | 0.0274 | -0.0164 | 0.0573 | 0.0058 |
| 0.1 | 0.0423 | -0.0214 | 0.1082 | 0.0107 |
| 0.15 | 0.0535 | -0.0252 | 0.1575 | 0.0143 |
| 0.2 | 0.0616 | -0.0278 | 0.2058 | 0.017 |
| 0.25 | 0.0668 | -0.0294 | 0.2537 | 0.0187 |
| 0.3 | 0.0695 | -0.03 | 0.3015 | 0.0197 |
| 0.35 | 0.0699 | -0.0298 | 0.3495 | 0.0201 |
| 0.4 | 0.0685 | -0.0289 | 0.3977 | 0.0198 |
| 0.45 | 0.0654 | -0.0274 | 0.4464 | 0.019 |
| 0.5 | 0.0609 | -0.0253 | 0.4956 | 0.0178 |
| 0.55 | 0.0553 | -0.0229 | 0.5452 | 0.0162 |
| 0.6 | 0.0488 | -0.0201 | 0.5953 | 0.0144 |
| 0.65 | 0.0417 | -0.0172 | 0.6457 | 0.0123 |
| 0.7 | 0.0344 | -0.0141 | 0.6964 | 0.0102 |
| 0.75 | 0.027 | -0.0111 | 0.7472 | 0.008 |
| 0.8 | 0.02 | -0.0082 | 0.7981 | 0.0059 |
| 0.85 | 0.0135 | -0.0056 | 0.8488 | 0.004 |
| 0.9 | 0.0078 | -0.0032 | 0.8994 | 0.0023 |
| 0.95 | 0.0032 | -0.0013 | 0.9498 | $9.29 \cdot 10^{-4}$ |
| 1 | 0 | 0 | 1 | 0 |

**Airfoil # 2**

**Parameters:**          $r = 0.01$          $R = 0.05$          $\xi oR = 0.33$          $\eta oR = 0.04$

$x := 0, 0.001 .. 1$          $c := 0, 0.05 .. 1$

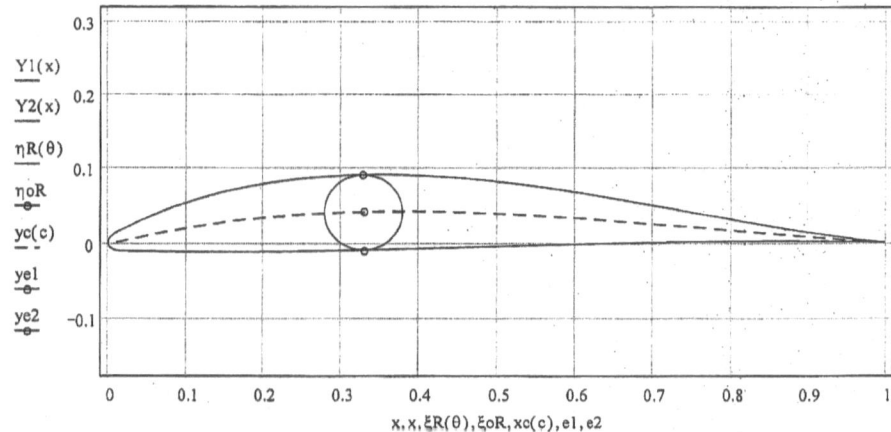

$Y1(x)$
$Y2(x)$
$\eta R(\theta)$
$\eta oR$
$yc(c)$
$ye1$
$ye2$

$x, x, \xi R(\theta), \xi oR, xc(c), e1, e2$

**Coordinates of Points**          $x := 0, 0.05 .. 1$

| x | Yupper(x) | Ylower(x) | xc(c) | yc(c) |
|---|---|---|---|---|
| 0 | 0 | 0 | 0.01 | 0 |
| 0.05 | 0.0325 | -0.0118 | 0.0594 | 0.0113 |
| 0.1 | 0.052 | -0.0123 | 0.1107 | 0.0207 |
| 0.15 | 0.0668 | -0.0124 | 0.1599 | 0.0278 |
| 0.2 | 0.0776 | -0.0122 | 0.2079 | 0.0331 |
| 0.25 | 0.0848 | -0.0115 | 0.2554 | 0.0368 |
| 0.3 | 0.0889 | -0.0107 | 0.3027 | 0.0392 |
| 0.35 | 0.0902 | -0.0095 | 0.3501 | 0.0404 |
| 0.4 | 0.0892 | -0.0083 | 0.3979 | 0.0405 |
| 0.45 | 0.086 | -0.0069 | 0.4461 | 0.0396 |
| 0.5 | 0.081 | -0.0054 | 0.495 | 0.0378 |
| 0.55 | 0.0744 | -0.004 | 0.5444 | 0.0354 |
| 0.6 | 0.0667 | -0.0026 | 0.5943 | 0.0322 |
| 0.65 | 0.0581 | -0.0013 | 0.6447 | 0.0286 |
| 0.7 | 0.0489 | $-1.6461 \cdot 10^{-4}$ | 0.6954 | 0.0245 |
| 0.75 | 0.0394 | $7.3727 \cdot 10^{-4}$ | 0.7464 | 0.0202 |
| 0.8 | 0.0301 | 0.0014 | 0.7974 | 0.0158 |
| 0.85 | 0.0211 | 0.0017 | 0.8483 | 0.0115 |
| 0.9 | 0.0129 | 0.0016 | 0.8991 | 0.0073 |
| 0.95 | 0.0058 | 0.001 | 0.9497 | 0.0034 |
| 1 | 0 | 0 | 1 | 0 |

## Airfoil # 3

**Parameters:**          $r = 0.01$          $R = 0.05$          $\xi_0 R = 0.33$          $\eta_0 R = 0.06$

$x := 0, 0.001 .. 1$          $c := 0, 0.05 .. 1$

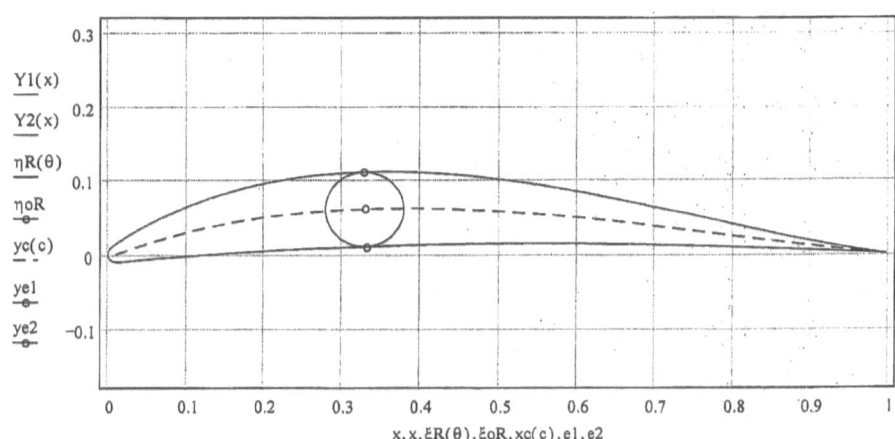

$Y1(x)$
$Y2(x)$
$\eta R(\theta)$
$\frac{\eta_0 R}{\cdot}$
$\frac{y_c(c)}{\cdot}$
$\frac{ye1}{\cdot}$
$\frac{ye2}{\cdot}$

$x, x, \xi R(\theta), \xi_0 R, x_c(c), e1, e2$

**Coordinates of Points**          $x := 0, 0.05 .. 1$

| x | Yupper(x) | Ylower(x) | xc(c) | yc(c) |
|---|---|---|---|---|
| 0 | 0 | 0 | 0.01 | 0 |
| 0.05 | 0.0384 | -0.0071 | 0.0615 | 0.0177 |
| 0.1 | 0.0627 | -0.0029 | 0.1131 | 0.0317 |
| 0.15 | 0.081 | $7.3234 \cdot 10^{-4}$ | 0.1621 | 0.0422 |
| 0.2 | 0.0943 | 0.0039 | 0.2098 | 0.0499 |
| 0.25 | 0.1032 | 0.0066 | 0.2567 | 0.0553 |
| 0.3 | 0.1085 | 0.0088 | 0.3035 | 0.0588 |
| 0.35 | 0.1104 | 0.0106 | 0.3504 | 0.0606 |
| 0.4 | 0.1095 | 0.012 | 0.3978 | 0.0608 |
| 0.45 | 0.106 | 0.013 | 0.4457 | 0.0595 |
| 0.5 | 0.1003 | 0.0135 | 0.4942 | 0.0571 |
| 0.55 | 0.0927 | 0.0137 | 0.5434 | 0.0535 |
| 0.6 | 0.0835 | 0.0135 | 0.5932 | 0.0489 |
| 0.65 | 0.0732 | 0.0129 | 0.6436 | 0.0435 |
| 0.7 | 0.0621 | 0.012 | 0.6944 | 0.0375 |
| 0.75 | 0.0506 | 0.0108 | 0.7454 | 0.031 |
| 0.8 | 0.039 | 0.0092 | 0.7966 | 0.0244 |
| 0.85 | 0.0278 | 0.0073 | 0.8478 | 0.0177 |
| 0.9 | 0.0173 | 0.0052 | 0.8988 | 0.0113 |
| 0.95 | 0.0079 | 0.0027 | 0.9496 | 0.0054 |
| 1 | 0 | 0 | 1 | 0 |

**Airfoil # 4**

**Parameters:**       r = 0.01        R = 0.05       ξoR = 0.33    ηoR = 0.08

                          x := 0, 0.001 .. 1      c := 0, 0.05 .. 1

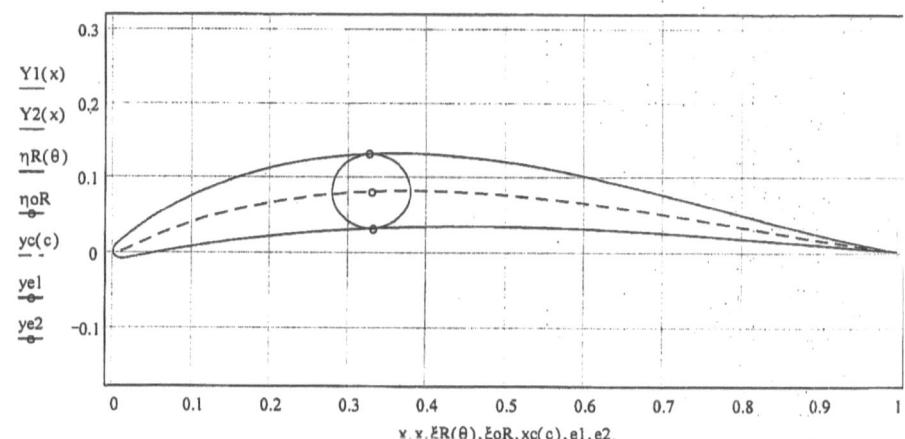

Y1(x)
Y2(x)
ηR(θ)
ηoR
yc(c)
ye1
ye2

x, x, ξR(θ), ξoR, xc(c), e1, e2.

**Coordinates of Points**       x := 0, 0.05 .. 1

| x | Yupper(x) | Ylower(x) | xc(c) | yc(c) |
|---|---|---|---|---|
| 0 | 0 | 0 | 0.01 | 0 |
| 0.05 | 0.0448 | -0.0024 | 0.0635 | 0.0247 |
| 0.1 | 0.074 | 0.0065 | 0.1153 | 0.0435 |
| 0.15 | 0.0956 | 0.014 | 0.1642 | 0.0571 |
| 0.2 | 0.1112 | 0.02 | 0.2115 | 0.0671 |
| 0.25 | 0.1218 | 0.0248 | 0.258 | 0.074 |
| 0.3 | 0.1281 | 0.0284 | 0.3043 | 0.0785 |
| 0.35 | 0.1306 | 0.0308 | 0.3508 | 0.0807 |
| 0.4 | 0.1298 | 0.0322 | 0.3977 | 0.081 |
| 0.45 | 0.126 | 0.0327 | 0.4452 | 0.0795 |
| 0.5 | 0.1196 | 0.0323 | 0.4934 | 0.0763 |
| 0.55 | 0.111 | 0.0312 | 0.5424 | 0.0716 |
| 0.6 | 0.1005 | 0.0294 | 0.5921 | 0.0656 |
| 0.65 | 0.0886 | 0.0269 | 0.6425 | 0.0584 |
| 0.7 | 0.0756 | 0.024 | 0.6933 | 0.0505 |
| 0.75 | 0.062 | 0.0206 | 0.7445 | 0.0419 |
| 0.8 | 0.0483 | 0.0168 | 0.7958 | 0.033 |
| 0.85 | 0.0347 | 0.0128 | 0.8472 | 0.0241 |
| 0.9 | 0.0219 | 0.0086 | 0.8984 | 0.0154 |
| 0.95 | 0.0102 | 0.0043 | 0.9494 | 0.0073 |
| 1 | 0 | 0 | 1 | 0 |

**Airfoil # 5**

**Parameters:**          $r = 0.01$          $R = 0.05$          $\xi oR = 0.35$          $\eta oR = 0.02$

$x := 0, 0.001 .. 1$          $c := 0, 0.05 .. 1$

$\dfrac{Y1(x)}{}$

$\dfrac{Y2(x)}{}$          0.2

$\dfrac{\eta R(\theta)}{}$          0.1

$\dfrac{\eta oR}{-\bullet-}$

$\dfrac{yc(c)}{}$          0

$\dfrac{ye1}{-\bullet-}$

$\dfrac{ye2}{-\bullet-}$          -0.1

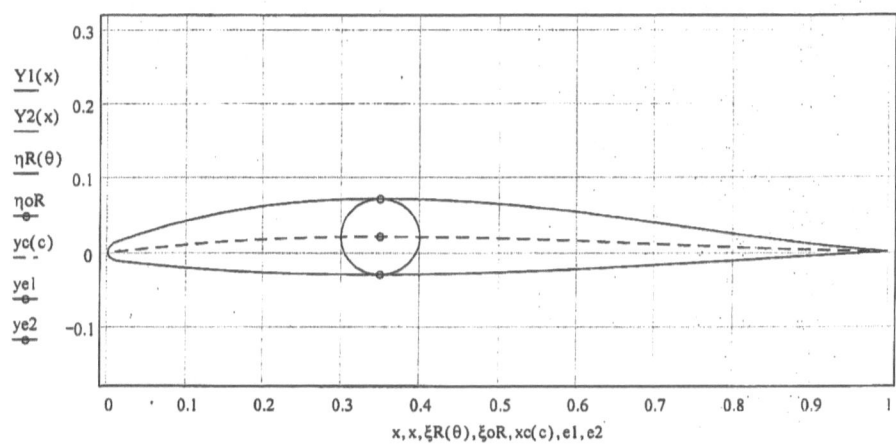

$x, x, \xi R(\theta), \xi oR, xc(c), e1, e2$

**Coordinates of Points**          $x := 0, 0.05 .. 1$

| x | Yupper(x) | Ylower(x) | xc(c) | yc(c) |
|---|---|---|---|---|
| 0 | 0 | 0 | 0.01 | 0 |
| 0.05 | 0.0267 | -0.016 | 0.0568 | 0.0056 |
| 0.1 | 0.0411 | -0.0207 | 0.1078 | 0.0104 |
| 0.15 | 0.0521 | -0.0243 | 0.1573 | 0.0141 |
| 0.2 | 0.0603 | -0.027 | 0.2059 | 0.0167 |
| 0.25 | 0.0658 | -0.0288 | 0.254 | 0.0185 |
| 0.3 | 0.0689 | -0.0298 | 0.302 | 0.0196 |
| 0.35 | 0.07 | -0.03 | 0.3501 | 0.02 |
| 0.4 | 0.0692 | -0.0296 | 0.3984 | 0.0198 |
| 0.45 | 0.0668 | -0.0286 | 0.447 | 0.0191 |
| 0.5 | 0.063 | -0.027 | 0.496 | 0.018 |
| 0.55 | 0.0581 | -0.0251 | 0.5455 | 0.0165 |
| 0.6 | 0.0522 | -0.0228 | 0.5953 | 0.0148 |
| 0.65 | 0.0456 | -0.0201 | 0.6455 | 0.0128 |
| 0.7 | 0.0385 | -0.0173 | 0.696 | 0.0107 |
| 0.75 | 0.0313 | -0.0143 | 0.7467 | 0.0085 |
| 0.8 | 0.024 | -0.0113 | 0.7975 | 0.0064 |
| 0.85 | 0.017 | -0.0083 | 0.8483 | 0.0044 |
| 0.9 | 0.0105 | -0.0053 | 0.899 | 0.0026 |
| 0.95 | 0.0048 | -0.0025 | 0.9496 | 0.0011 |
| 1 | 0 | 0 | 1 | 0 |

### Airfoil # 6

**Parameters:**    $r = 0.01$        $R = 0.05$      $\xi oR = 0.35$      $\eta oR = 0.04$

$x := 0, 0.001 .. 1$    $c := 0, 0.05 .. 1$

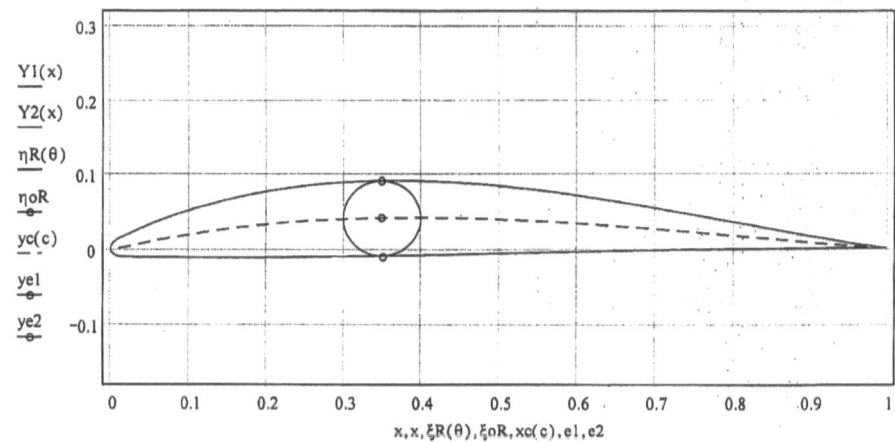

$$x, x, \xi R(\theta), \xi oR, xc(c), e1, e2$$

**Coordinates of Points**        $x := 0, 0.05 .. 1$

| x | Yupper(x) | Ylower(x) | xc(c) | yc(c) |
|---|---|---|---|---|
| 0 | 0 | 0 | 0.01 | 0 |
| 0.05 | 0.0314 | -0.0116 | 0.0588 | 0.0108 |
| 0.1 | 0.0503 | -0.012 | 0.1101 | 0.0199 |
| 0.15 | 0.0649 | -0.0121 | 0.1596 | 0.027 |
| 0.2 | 0.0757 | -0.0119 | 0.2079 | 0.0323 |
| 0.25 | 0.0833 | -0.0115 | 0.2557 | 0.0361 |
| 0.3 | 0.088 | -0.0108 | 0.3033 | 0.0387 |
| 0.35 | 0.09 | -0.01 | 0.3508 | 0.04 |
| 0.4 | 0.0897 | -0.0091 | 0.3987 | 0.0403 |
| 0.45 | 0.0874 | -0.008 | 0.4469 | 0.0397 |
| 0.5 | 0.0832 | -0.0069 | 0.4955 | 0.0382 |
| 0.55 | 0.0775 | -0.0058 | 0.5447 | 0.036 |
| 0.6 | 0.0705 | -0.0046 | 0.5943 | 0.0331 |
| 0.65 | 0.0625 | -0.0035 | 0.6444 | 0.0297 |
| 0.7 | 0.0537 | -0.0025 | 0.6949 | 0.0258 |
| 0.75 | 0.0444 | -0.0016 | 0.7457 | 0.0215 |
| 0.8 | 0.0348 | $-8.6435 \cdot 10^{-4}$ | 0.7966 | 0.0171 |
| 0.85 | 0.0254 | $-2.8728 \cdot 10^{-4}$ | 0.8476 | 0.0126 |
| 0.9 | 0.0162 | $7.2647 \cdot 10^{-5}$ | 0.8986 | 0.0082 |
| 0.95 | 0.0077 | $1.8017 \cdot 10^{-4}$ | 0.9494 | 0.0039 |
| 1 | 0 | 0 | 1 | 0 |

**Airfoil # 7**

Parameters:

| $r = 0.01$ | $R = 0.05$ | $\xi_0R = 0.35$ | $\eta_0R = 0.06$ |
| --- | --- | --- | --- |
| $x := 0, 0.001 .. 1$ | | $c := 0, 0.05 .. 1$ | |

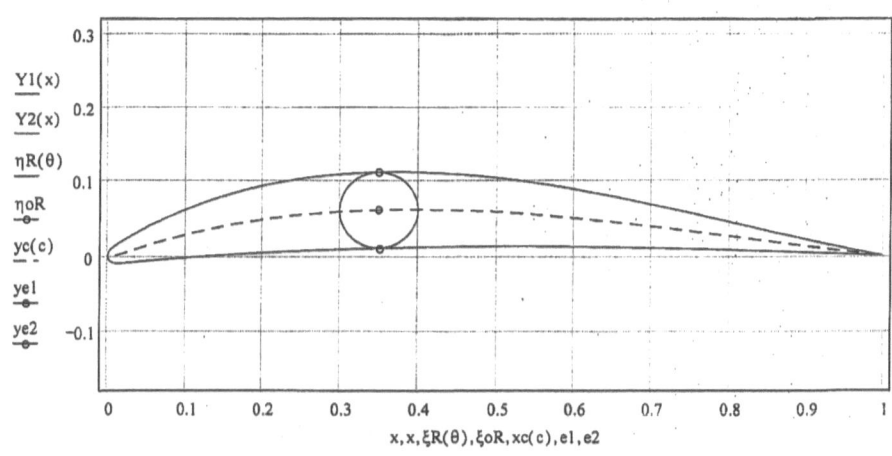

$x, x, \xi R(\theta), \xi_0R, xc(c), e1, e2$

**Coordinates of Points**          $x := 0, 0.05 .. 1$

| x | Yupper(x) | Ylower(x) | xc(c) | yc(c) |
| --- | --- | --- | --- | --- |
| 0 | 0 | 0 | 0.01 | 0 |
| 0.05 | 0.037 | -0.007 | 0.0608 | 0.0168 |
| 0.1 | 0.0605 | -0.0029 | 0.1124 | 0.0306 |
| 0.15 | 0.0786 | $7.3076 \cdot 10^{-4}$ | 0.1618 | 0.041 |
| 0.2 | 0.092 | 0.0038 | 0.2098 | 0.0487 |
| 0.25 | 0.1014 | 0.0063 | 0.2571 | 0.0543 |
| 0.3 | 0.1073 | 0.0084 | 0.3042 | 0.058 |
| 0.35 | 0.11 | 0.01 | 0.3513 | 0.06 |
| 0.4 | 0.1099 | 0.0111 | 0.3987 | 0.0605 |
| 0.45 | 0.1074 | 0.0119 | 0.4465 | 0.0597 |
| 0.5 | 0.1026 | 0.0122 | 0.4948 | 0.0576 |
| 0.55 | 0.0959 | 0.0122 | 0.5437 | 0.0543 |
| 0.6 | 0.0876 | 0.0119 | 0.5932 | 0.0501 |
| 0.65 | 0.078 | 0.0112 | 0.6433 | 0.045 |
| 0.7 | 0.0673 | 0.0103 | 0.6938 | 0.0392 |
| 0.75 | 0.056 | 0.0091 | 0.7446 | 0.0329 |
| 0.8 | 0.0442 | 0.0076 | 0.7957 | 0.0262 |
| 0.85 | 0.0324 | 0.006 | 0.847 | 0.0194 |
| 0.9 | 0.0209 | 0.0041 | 0.8981 | 0.0127 |
| 0.95 | 0.01 | 0.0021 | 0.9492 | 0.0061 |
| 1 | 0 | 0 | 1 | 0 |

BORIS DOLOMANOV

## Airfoil # 8

**Parameters:**   r = 0.01   R = 0.05   ξoR = 0.35   ηoR = 0.08

x := 0, 0.001 .. 1   c := 0, 0.05 .. 1

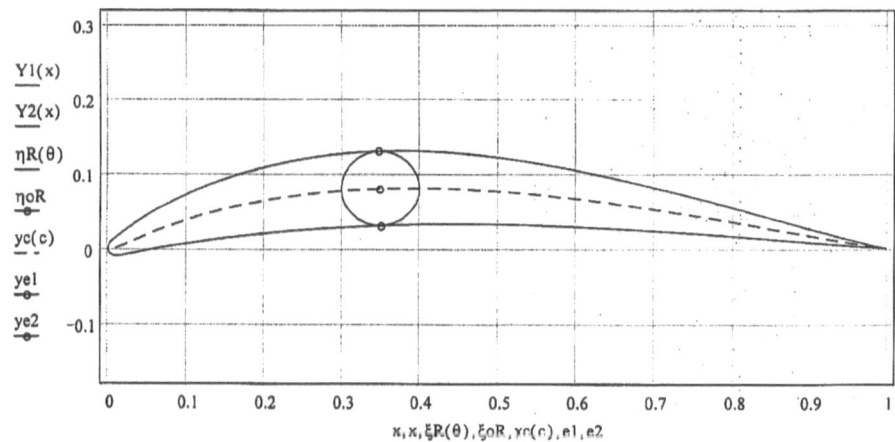

**Coordinates of Points**   x := 0, 0.05 .. 1

| x | Yupper(x) | Ylower(x) | xc(c) | yc(c) |
|---|---|---|---|---|
| 0 | 0 | 0 | 0.01 | 0 |
| 0.05 | 0.0431 | -0.0026 | 0.0627 | 0.0235 |
| 0.1 | 0.0714 | 0.0062 | 0.1145 | 0.0418 |
| 0.15 | 0.0928 | 0.0136 | 0.1638 | 0.0554 |
| 0.2 | 0.1086 | 0.0195 | 0.2115 | 0.0655 |
| 0.25 | 0.1197 | 0.0242 | 0.2584 | 0.0727 |
| 0.3 | 0.1267 | 0.0276 | 0.305 | 0.0775 |
| 0.35 | 0.13 | 0.03 | 0.3517 | 0.0801 |
| 0.4 | 0.1301 | 0.0313 | 0.3986 | 0.0807 |
| 0.45 | 0.1274 | 0.0317 | 0.4461 | 0.0796 |
| 0.5 | 0.122 | 0.0313 | 0.4941 | 0.0769 |
| 0.55 | 0.1144 | 0.0301 | 0.5428 | 0.0727 |
| 0.6 | 0.1049 | 0.0283 | 0.5921 | 0.0671 |
| 0.65 | 0.0937 | 0.0258 | 0.6421 | 0.0605 |
| 0.7 | 0.0812 | 0.0229 | 0.6926 | 0.0528 |
| 0.75 | 0.0678 | 0.0196 | 0.7436 | 0.0444 |
| 0.8 | 0.0539 | 0.016 | 0.7948 | 0.0355 |
| 0.85 | 0.0397 | 0.0121 | 0.8462 | 0.0263 |
| 0.9 | 0.0258 | 0.0081 | 0.8976 | 0.0172 |
| 0.95 | 0.0124 | 0.004 | 0.9489 | 0.0083 |
| 1 | 0 | 0 | 1 | 0 |

2. Вариация профиля в зависимости от изменения
   площади $\omega$ и угла $\beta$.

$\omega$ — площадь профиля;
$\beta$ — угол наклона касательной, проведенной к
   линии изгиба в точке B.

Таблица 3

| Профили | $r$ | $\omega$ | $x_g$ | $y_g$ | $\beta$ |
|---------|-----|----------|-------|-------|---------|
| 1 | 0.01 | 0.05 | 0.42 | 0.02 | -0.1 |
| 2 | | 0.055 | | | |
| 3 | | 0.06 | | | |
| 4 | | 0.065 | | | |
| 5 | | 0.07 | | | |
| 6 | 0.01 | 0.05 | 0.42 | 0.02 | 0 |
| 7 | | 0.055 | | | |
| 8 | | 0.06 | | | |
| 9 | | 0.065 | | | |
| 10 | | 0.07 | | | |
| 11 | 0.01 | 0.05 | 0.42 | 0.02 | 0.1 |
| 12 | | 0.055 | | | |
| 13 | | 0.06 | | | |
| 14 | | 0.065 | | | |
| 15 | | 0.07 | | | |

Расчеты выполнены по программе G.

**Airfoil # 1**

**Parameters:**        $r = 0.01$     $\omega = 0.05$     $xg = 0.42$     $yg = 0.02$     $\beta = -0.1$

$x := 0, 0.001 .. 1$     $c := 0, 0.05 .. 1$

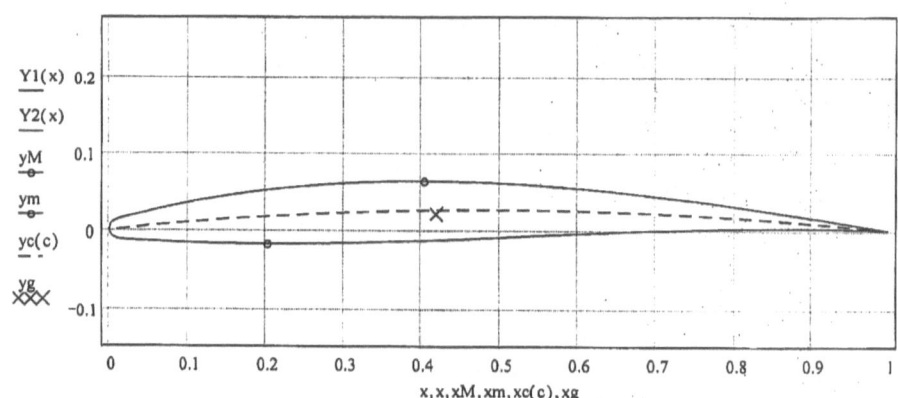

**Coordinates of Points**        $x := 0, 0.05 .. 1$

| | Airfoil | | Camber line | |
|---|---|---|---|---|
| x | Yupper(x) | Ylower(x) | xc(c) | yc(c) |
| 0 | 0 | 0 | 0.01 | 0 |
| 0.05 | 0.0231 | -0.014 | 0.0546 | 0.0047 |
| 0.1 | 0.0344 | -0.0161 | 0.1051 | 0.0094 |
| 0.15 | 0.0437 | -0.0172 | 0.155 | 0.0134 |
| 0.2 | 0.0509 | -0.0176 | 0.2043 | 0.0168 |
| 0.25 | 0.0564 | -0.0173 | 0.2534 | 0.0196 |
| 0.3 | 0.0602 | -0.0165 | 0.3023 | 0.0219 |
| 0.35 | 0.0624 | -0.0151 | 0.3511 | 0.0237 |
| 0.4 | 0.0631 | -0.0134 | 0.4001 | 0.0249 |
| 0.45 | 0.0626 | -0.0114 | 0.4491 | 0.0256 |
| 0.5 | 0.0608 | -0.0092 | 0.4984 | 0.0258 |
| 0.55 | 0.058 | -0.0069 | 0.5478 | 0.0255 |
| 0.6 | 0.0541 | -0.0047 | 0.5974 | 0.0247 |
| 0.65 | 0.0493 | -0.0026 | 0.6473 | 0.0234 |
| 0.7 | 0.0437 | $-7.3763 \cdot 10^{-4}$ | 0.6974 | 0.0215 |
| 0.75 | 0.0375 | $8.0333 \cdot 10^{-4}$ | 0.7476 | 0.0192 |
| 0.8 | 0.0307 | 0.0019 | 0.798 | 0.0164 |
| 0.85 | 0.0234 | 0.0025 | 0.8484 | 0.013 |
| 0.9 | 0.0158 | 0.0024 | 0.899 | 0.0092 |
| 0.95 | 0.008 | 0.0016 | 0.9495 | 0.0048 |
| 1 | 0 | 0 | 1 | 0 |

**Airfoil # 2**

**Parameters:**        r = 0.01        ω = 0.055        xg = 0.42        yg = 0.02        β = -0.1

x := 0, 0.001 .. 1        c := 0, 0.05 .. 1

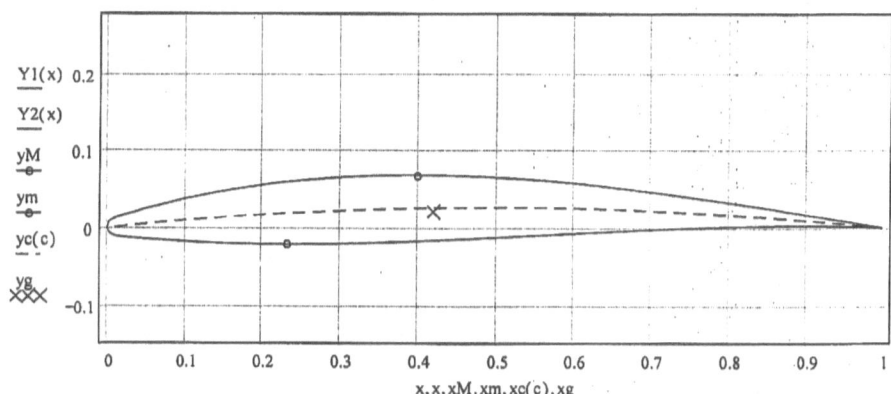

**Coordinates of Points**        x := 0, 0.05 .. 1

| | Airfoil | | Camber line | |
|---|---|---|---|---|
| x | Yupper(x) | Ylower(x) | xc(c) | yc(c) |
| 0 | 0 | 0 | 0.01 | 0 |
| 0.05 | 0.0242 | -0.015 | 0.0553 | 0.0048 |
| 0.1 | 0.0366 | -0.0182 | 0.1061 | 0.0094 |
| 0.15 | 0.0466 | -0.0203 | 0.1559 | 0.0134 |
| 0.2 | 0.0545 | -0.0213 | 0.2051 | 0.0167 |
| 0.25 | 0.0603 | -0.0214 | 0.254 | 0.0195 |
| 0.3 | 0.0643 | -0.0208 | 0.3026 | 0.0218 |
| 0.35 | 0.0666 | -0.0196 | 0.3513 | 0.0235 |
| 0.4 | 0.0673 | -0.0178 | 0.4 | 0.0248 |
| 0.45 | 0.0666 | -0.0156 | 0.4489 | 0.0255 |
| 0.5 | 0.0645 | -0.0131 | 0.4979 | 0.0257 |
| 0.55 | 0.0613 | -0.0105 | 0.5473 | 0.0254 |
| 0.6 | 0.057 | -0.0078 | 0.5969 | 0.0246 |
| 0.65 | 0.0518 | -0.0053 | 0.6468 | 0.0233 |
| 0.7 | 0.0458 | -0.0029 | 0.6969 | 0.0215 |
| 0.75 | 0.0391 | $-8.8436 \cdot 10^{-4}$ | 0.7472 | 0.0192 |
| 0.8 | 0.0319 | $6.8684 \cdot 10^{-4}$ | 0.7977 | 0.0163 |
| 0.85 | 0.0242 | 0.0017 | 0.8482 | 0.013 |
| 0.9 | 0.0162 | 0.002 | 0.8989 | 0.0092 |
| 0.95 | 0.0081 | 0.0015 | 0.9495 | 0.0048 |
| 1 | 0 | 0 | 1 | 0 |

## Airfoil # 3

**Parameters:**     $r = 0.01$     $\omega = 0.06$     $xg = 0.42$     $yg = 0.02$     $\beta = -0.1$

$$x := 0, 0.001 .. 1 \quad\quad c := 0, 0.05 .. 1$$

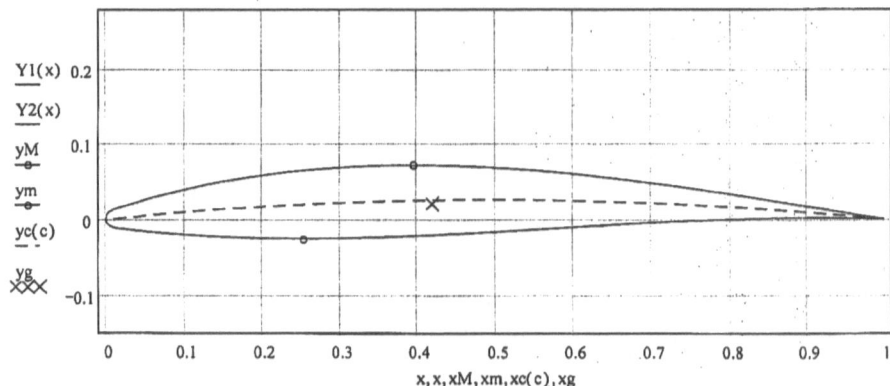

$x, x, xM, xm, xc(c), xg$

**Coordinates of Points**      $x := 0, 0.05 .. 1$

| | Airfoil | | Camber line | |
|---|---|---|---|---|
| x | Yupper(x) | Ylower(x) | xc(c) | yc(c) |
| 0 | 0 | 0 | 0.01 | 0 |
| 0.05 | 0.0253 | -0.0161 | 0.0561 | 0.0048 |
| 0.1 | 0.0388 | -0.0204 | 0.1071 | 0.0094 |
| 0.15 | 0.0496 | -0.0233 | 0.1569 | 0.0134 |
| 0.2 | 0.058 | -0.0249 | 0.206 | 0.0167 |
| 0.25 | 0.0642 | -0.0255 | 0.2546 | 0.0195 |
| 0.3 | 0.0684 | -0.0251 | 0.303 | 0.0217 |
| 0.35 | 0.0708 | -0.024 | 0.3514 | 0.0235 |
| 0.4 | 0.0714 | -0.0221 | 0.3999 | 0.0247 |
| 0.45 | 0.0705 | -0.0197 | 0.4485 | 0.0254 |
| 0.5 | 0.0682 | -0.017 | 0.4975 | 0.0256 |
| 0.55 | 0.0647 | -0.014 | 0.5467 | 0.0253 |
| 0.6 | 0.06 | -0.0109 | 0.5963 | 0.0245 |
| 0.65 | 0.0544 | -0.0079 | 0.6462 | 0.0232 |
| 0.7 | 0.0479 | -0.0051 | 0.6964 | 0.0215 |
| 0.75 | 0.0407 | -0.0026 | 0.7468 | 0.0191 |
| 0.8 | 0.0331 | $-5.3917 \cdot 10^{-4}$ | 0.7974 | 0.0163 |
| 0.85 | 0.025 | $8.748 \cdot 10^{-4}$ | 0.848 | 0.013 |
| 0.9 | 0.0167 | 0.0015 | 0.8987 | 0.0092 |
| 0.95 | 0.0083 | 0.0013 | 0.9494 | 0.0048 |
| 1 | 0 | 0 | 1 | 0 |

## Airfoil # 4

**Parameters:**    $r = 0.01$    $\omega = 0.065$    $xg = 0.42$    $yg = 0.02$    $\beta = -0.1$

$x := 0, 0.001 .. 1$    $c := 0, 0.05 .. 1$

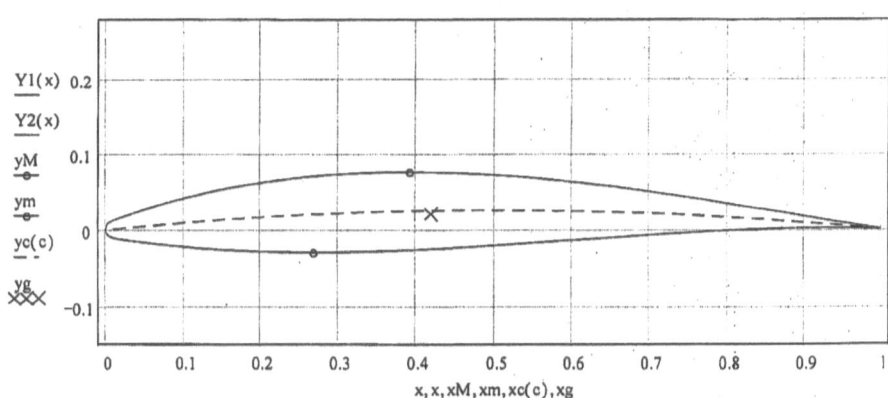

**Coordinates of Points**       $x := 0, 0.05 .. 1$

| | Airfoil | | Camber line | |
|---|---|---|---|---|
| x | Yupper(x) | Ylower(x) | xc(c) | yc(c) |
| 0 | 0 | 0 | 0.01 | 0 |
| 0.05 | 0.0264 | -0.0171 | 0.057 | 0.0048 |
| 0.1 | 0.041 | -0.0225 | 0.1082 | 0.0094 |
| 0.15 | 0.0526 | -0.0263 | 0.1581 | 0.0134 |
| 0.2 | 0.0616 | -0.0286 | 0.207 | 0.0167 |
| 0.25 | 0.0682 | -0.0296 | 0.2553 | 0.0194 |
| 0.3 | 0.0726 | -0.0294 | 0.3034 | 0.0217 |
| 0.35 | 0.075 | -0.0283 | 0.3515 | 0.0234 |
| 0.4 | 0.0756 | -0.0264 | 0.3997 | 0.0246 |
| 0.45 | 0.0745 | -0.0239 | 0.4482 | 0.0253 |
| 0.5 | 0.0719 | -0.0209 | 0.497 | 0.0255 |
| 0.55 | 0.068 | -0.0175 | 0.5461 | 0.0252 |
| 0.6 | 0.063 | -0.014 | 0.5957 | 0.0245 |
| 0.65 | 0.0569 | -0.0106 | 0.6456 | 0.0232 |
| 0.7 | 0.05 | -0.0072 | 0.6958 | 0.0214 |
| 0.75 | 0.0424 | -0.0043 | 0.7463 | 0.0191 |
| 0.8 | 0.0343 | -0.0018 | 0.797 | 0.0163 |
| 0.85 | 0.0258 | $6.309 \cdot 10^{-5}$ | 0.8478 | 0.013 |
| 0.9 | 0.0171 | 0.0011 | 0.8986 | 0.0092 |
| 0.95 | 0.0085 | 0.0011 | 0.9494 | 0.0048 |
| 1 | 0 | 0 | 1 | 0 |

**Airfoil # 5**

**Parameters:**     $r = 0.01$     $\omega = 0.07$     $xg = 0.42$     $yg = 0.02$     $\beta = -0.1$

$$x := 0, 0.001 .. 1 \qquad c := 0, 0.05 .. 1$$

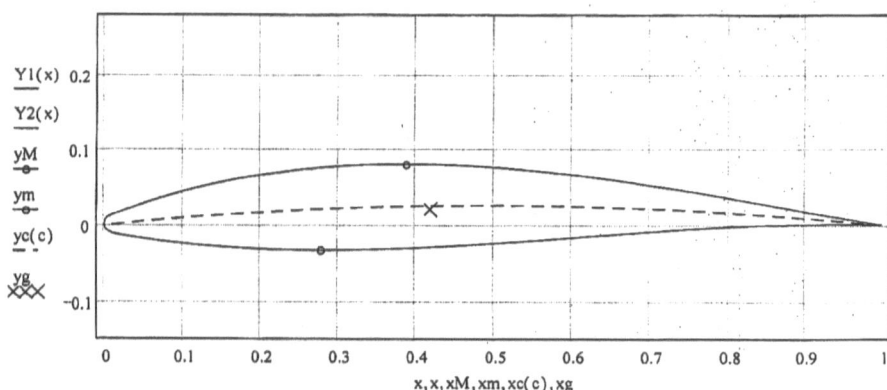

Y1(x)   Y2(x)   yM   ym   yc(c)   yg

x, x, xM, xm, xc(c), xg

**Coordinates of Points**      $x := 0, 0.05 .. 1$

| | Airfoil | | Camber line | |
|---|---|---|---|---|
| x | Yupper(x) | Ylower(x) | xc(c) | yc(c) |
| 0 | 0 | 0 | 0.01 | 0 |
| 0.05 | 0.0276 | -0.0182 | 0.0579 | 0.0049 |
| 0.1 | 0.0432 | -0.0247 | 0.1094 | 0.0095 |
| 0.15 | 0.0556 | -0.0293 | 0.1592 | 0.0134 |
| 0.2 | 0.0652 | -0.0322 | 0.208 | 0.0167 |
| 0.25 | 0.0721 | -0.0336 | 0.2561 | 0.0194 |
| 0.3 | 0.0767 | -0.0337 | 0.3039 | 0.0216 |
| 0.35 | 0.0792 | -0.0327 | 0.3516 | 0.0233 |
| 0.4 | 0.0797 | -0.0307 | 0.3996 | 0.0245 |
| 0.45 | 0.0785 | -0.028 | 0.4478 | 0.0252 |
| 0.5 | 0.0756 | -0.0247 | 0.4964 | 0.0255 |
| 0.55 | 0.0714 | -0.021 | 0.5455 | 0.0252 |
| 0.6 | 0.066 | -0.0171 | 0.595 | 0.0244 |
| 0.65 | 0.0595 | -0.0132 | 0.6449 | 0.0232 |
| 0.7 | 0.0521 | -0.0094 | 0.6952 | 0.0214 |
| 0.75 | 0.044 | -0.0059 | 0.7458 | 0.0191 |
| 0.8 | 0.0355 | -0.003 | 0.7966 | 0.0163 |
| 0.85 | 0.0266 | $-7.5344 \cdot 10^{-4}$ | 0.8476 | 0.013 |
| 0.9 | 0.0176 | $6.1538 \cdot 10^{-4}$ | 0.8985 | 0.0092 |
| 0.95 | 0.0087 | $9.2695 \cdot 10^{-4}$ | 0.9493 | 0.0048 |
| 1 | 0 | 0 | 1 | 0 |

**Airfoil # 6**

**Parameters:**        $r = 0.01$        $\omega = 0.05$        $xg = 0.42$        $yg = 0.02$        $\beta = 0$

$$x := 0,0.001 .. 1        c := 0,0.05 .. 1$$

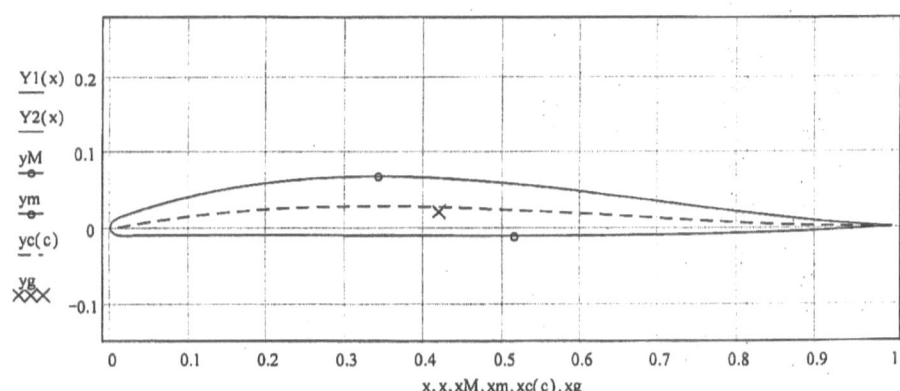

$$x, x, xM, xm, xc(c), xg$$

**Coordinates of Points**        $x := 0,0.05 .. 1$

| | Airfoil | | Camber line | |
|---|---|---|---|---|
| x | Yupper(x) | Ylower(x) | xc(c) | yc(c) |
| 0 | 0 | 0 | 0.01 | 0 |
| 0.05 | 0.0262 | -0.0109 | 0.0556 | 0.0081 |
| 0.1 | 0.04 | -0.0106 | 0.106 | 0.0151 |
| 0.15 | 0.0505 | -0.0105 | 0.1554 | 0.0202 |
| 0.2 | 0.0581 | -0.0105 | 0.2043 | 0.0239 |
| 0.25 | 0.0631 | -0.0106 | 0.2528 | 0.0263 |
| 0.3 | 0.0658 | -0.0108 | 0.3012 | 0.0275 |
| 0.35 | 0.0664 | -0.011 | 0.3498 | 0.0277 |
| 0.4 | 0.0653 | -0.0113 | 0.3985 | 0.027 |
| 0.45 | 0.0625 | -0.0114 | 0.4475 | 0.0256 |
| 0.5 | 0.0585 | -0.0115 | 0.4968 | 0.0236 |
| 0.55 | 0.0534 | -0.0115 | 0.5464 | 0.0211 |
| 0.6 | 0.0475 | -0.0113 | 0.5963 | 0.0182 |
| 0.65 | 0.041 | -0.0109 | 0.6465 | 0.0151 |
| 0.7 | 0.0341 | -0.0104 | 0.6969 | 0.012 |
| 0.75 | 0.0272 | -0.0095 | 0.7475 | 0.0089 |
| 0.8 | 0.0204 | -0.0083 | 0.7981 | 0.0061 |
| 0.85 | 0.0141 | -0.0069 | 0.8487 | 0.0036 |
| 0.9 | 0.0084 | -0.005 | 0.8993 | 0.0017 |
| 0.95 | 0.0036 | -0.0027 | 0.9497 | $4.2999 \cdot 10^{-4}$ |
| 1 | 0 | 0 | 1 | 0 |

**Airfoil # 7**

**Parameters:**  $r = 0.01$   $\omega = 0.055$   $xg = 0.42$   $yg = 0.02$   $\beta = 0$

$x := 0, 0.001 .. 1$   $c := 0, 0.05 .. 1$

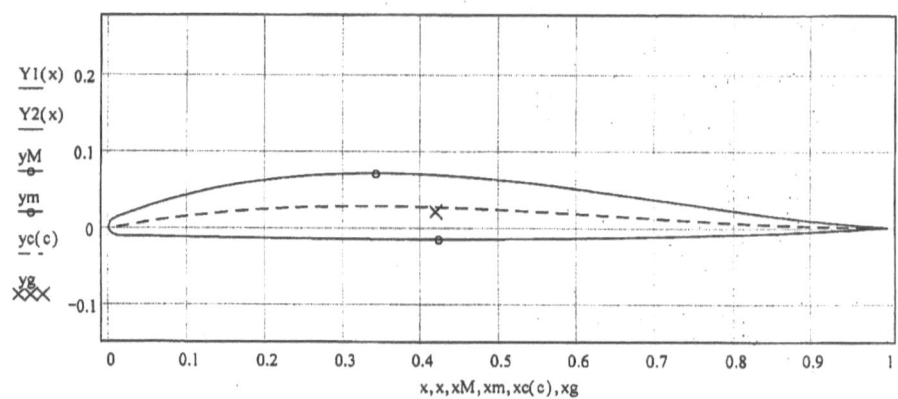

**Coordinates of Points**   $x := 0, 0.05 .. 1$

| | Airfoil | | Camber line | |
|---|---|---|---|---|
| x | Yupper(x) | Ylower(x) | xc(c) | yc(c) |
| 0 | 0 | 0 | 0.01 | 0 |
| 0.05 | 0.0273 | -0.0119 | 0.0564 | 0.0082 |
| 0.1 | 0.0422 | -0.0128 | 0.107 | 0.0151 |
| 0.15 | 0.0535 | -0.0135 | 0.1564 | 0.0202 |
| 0.2 | 0.0616 | -0.0142 | 0.2051 | 0.0239 |
| 0.25 | 0.067 | -0.0147 | 0.2533 | 0.0262 |
| 0.3 | 0.0699 | -0.0152 | 0.3015 | 0.0274 |
| 0.35 | 0.0706 | -0.0155 | 0.3497 | 0.0275 |
| 0.4 | 0.0693 | -0.0156 | 0.3982 | 0.0269 |
| 0.45 | 0.0665 | -0.0156 | 0.447 | 0.0255 |
| 0.5 | 0.0622 | -0.0155 | 0.4962 | 0.0234 |
| 0.55 | 0.0567 | -0.0151 | 0.5458 | 0.0209 |
| 0.6 | 0.0504 | -0.0145 | 0.5957 | 0.0181 |
| 0.65 | 0.0435 | -0.0136 | 0.6459 | 0.015 |
| 0.7 | 0.0362 | -0.0126 | 0.6964 | 0.0119 |
| 0.75 | 0.0288 | -0.0112 | 0.7471 | 0.0088 |
| 0.8 | 0.0216 | -0.0096 | 0.7978 | 0.006 |
| 0.85 | 0.0148 | -0.0077 | 0.8486 | 0.0036 |
| 0.9 | 0.0088 | -0.0055 | 0.8992 | 0.0017 |
| 0.95 | 0.0038 | -0.0029 | 0.9497 | $4.4425 \cdot 10^{-4}$ |
| 1 | 0 | 0 | 1 | 0 |

**Airfoil # 8**

**Parameters:**    $r = 0.01$    $\omega = 0.06$    $xg = 0.42$    $yg = 0.02$    $\beta = 0$

$$x := 0, 0.001 .. 1 \qquad c := 0, 0.05 .. 1$$

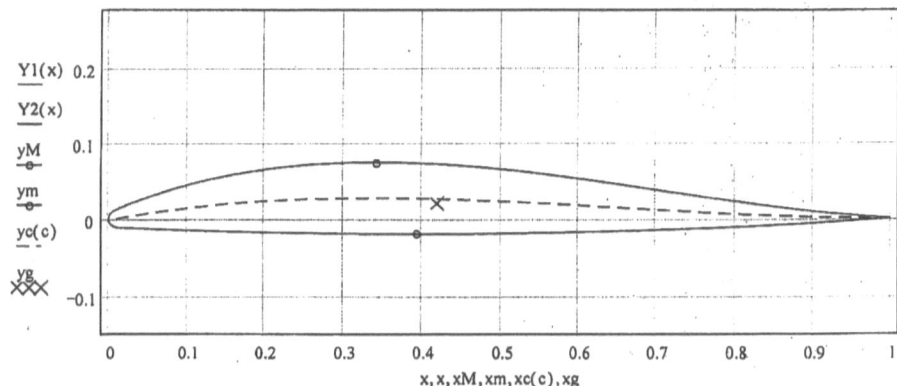

$Y1(x)$
$Y2(x)$
$yM$
$ym$
$yc(c)$
$yg$

$$x, x, xM, xm, xc(c), xg$$

**Coordinates of Points**        $x := 0, 0.05 .. 1$

| | Airfoil | | Camber line | |
|---|---|---|---|---|
| x | Yupper(x) | Ylower(x) | xc(c) | yc(c) |
| 0 | 0 | 0 | 0.01 | 0 |
| 0.05 | 0.0285 | -0.013 | 0.0573 | 0.0083 |
| 0.1 | 0.0444 | -0.0149 | 0.1081 | 0.0152 |
| 0.15 | 0.0565 | -0.0165 | 0.1575 | 0.0203 |
| 0.2 | 0.0652 | -0.0178 | 0.2059 | 0.0238 |
| 0.25 | 0.0709 | -0.0188 | 0.2539 | 0.0261 |
| 0.3 | 0.074 | -0.0195 | 0.3017 | 0.0273 |
| 0.35 | 0.0747 | -0.0199 | 0.3497 | 0.0274 |
| 0.4 | 0.0734 | -0.02 | 0.3979 | 0.0267 |
| 0.45 | 0.0704 | -0.0198 | 0.4465 | 0.0253 |
| 0.5 | 0.0658 | -0.0194 | 0.4956 | 0.0233 |
| 0.55 | 0.0601 | -0.0186 | 0.5451 | 0.0208 |
| 0.6 | 0.0534 | -0.0176 | 0.595 | 0.018 |
| 0.65 | 0.046 | -0.0163 | 0.6453 | 0.0149 |
| 0.7 | 0.0382 | -0.0148 | 0.6959 | 0.0118 |
| 0.75 | 0.0304 | -0.0129 | 0.7466 | 0.0088 |
| 0.8 | 0.0228 | -0.0109 | 0.7975 | 0.006 |
| 0.85 | 0.0156 | -0.0085 | 0.8484 | 0.0036 |
| 0.9 | 0.0093 | -0.0059 | 0.8991 | 0.0017 |
| 0.95 | 0.004 | -0.0031 | 0.9497 | $4.4084 \cdot 10^{-4}$ |
| 1 | 0 | 0 | 1 | 0 |

**Airfoil # 9**

Parameters:      $r = 0.01$    $\omega = 0.065$    $xg = 0.42$    $yg = 0.02$    $\beta = 0$

$$x := 0, 0.001 .. 1 \qquad c := 0, 0.05 .. 1$$

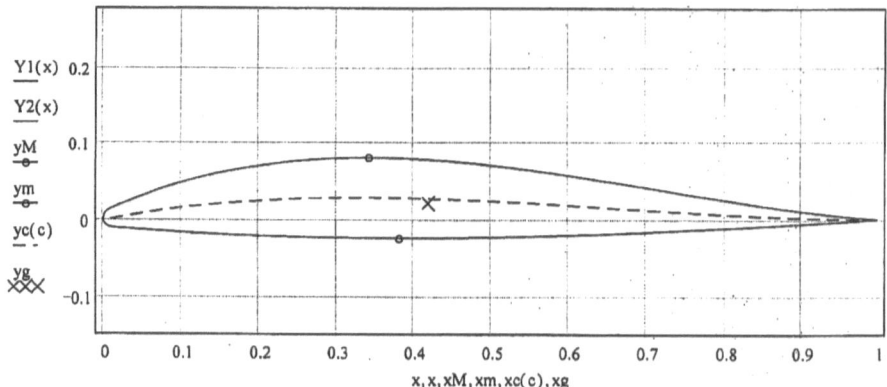

$$x, x, xM, xm, xc(c), xg$$

**Coordinates of Points**      $x := 0, 0.05 .. 1$

| | Airfoil | | Camber line | |
|---|---|---|---|---|
| x | Yupper(x) | Ylower(x) | xc(c) | yc(c) |
| 0 | 0 | 0 | 0.01 | 0 |
| 0.05 | 0.0297 | -0.014 | 0.0582 | 0.0084 |
| 0.1 | 0.0467 | -0.017 | 0.1093 | 0.0153 |
| 0.15 | 0.0595 | -0.0195 | 0.1586 | 0.0203 |
| 0.2 | 0.0688 | -0.0214 | 0.2068 | 0.0238 |
| 0.25 | 0.0748 | -0.0228 | 0.2545 | 0.0261 |
| 0.3 | 0.0781 | -0.0238 | 0.302 | 0.0272 |
| 0.35 | 0.0789 | -0.0243 | 0.3497 | 0.0273 |
| 0.4 | 0.0775 | -0.0243 | 0.3976 | 0.0266 |
| 0.45 | 0.0743 | -0.024 | 0.446 | 0.0252 |
| 0.5 | 0.0695 | -0.0233 | 0.4949 | 0.0232 |
| 0.55 | 0.0634 | -0.0222 | 0.5443 | 0.0207 |
| 0.6 | 0.0563 | -0.0207 | 0.5942 | 0.0179 |
| 0.65 | 0.0485 | -0.019 | 0.6446 | 0.0149 |
| 0.7 | 0.0403 | -0.017 | 0.6953 | 0.0118 |
| 0.75 | 0.032 | -0.0147 | 0.7462 | 0.0088 |
| 0.8 | 0.0239 | -0.0121 | 0.7972 | 0.006 |
| 0.85 | 0.0164 | -0.0093 | 0.8482 | 0.0036 |
| 0.9 | 0.0097 | -0.0064 | 0.899 | 0.0017 |
| 0.95 | 0.0041 | -0.0033 | 0.9496 | $4.3761 \cdot 10^{-4}$ |
| 1 | 0 | 0 | 1 | 0 |

## Airfoil # 10

**Parameters:**          r = 0.01          ω = 0.07          xg = 0.42          yg = 0.02          β = 0

x := 0, 0.001 .. 1          c := 0, 0.05 .. 1

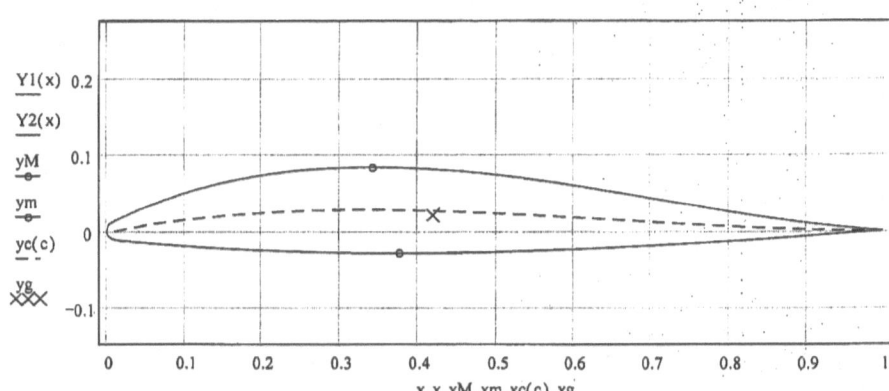

**Coordinates of Points**          x := 0, 0.05 .. 1

| | Airfoil | | Camber line | |
|---|---|---|---|---|
| x | Yupper(x) | Ylower(x) | xc(c) | yc(c) |
| 0 | 0 | 0 | 0.01 | 0 |
| 0.05 | 0.0309 | -0.015 | 0.0592 | 0.0085 |
| 0.1 | 0.049 | -0.0191 | 0.1106 | 0.0154 |
| 0.15 | 0.0626 | -0.0224 | 0.1598 | 0.0204 |
| 0.2 | 0.0723 | -0.025 | 0.2078 | 0.0238 |
| 0.25 | 0.0788 | -0.0268 | 0.2551 | 0.026 |
| 0.3 | 0.0822 | -0.028 | 0.3023 | 0.0271 |
| 0.35 | 0.0831 | -0.0286 | 0.3496 | 0.0272 |
| 0.4 | 0.0817 | -0.0286 | 0.3973 | 0.0265 |
| 0.45 | 0.0783 | -0.0281 | 0.4454 | 0.0251 |
| 0.5 | 0.0732 | -0.0271 | 0.4942 | 0.0231 |
| 0.55 | 0.0667 | -0.0257 | 0.5435 | 0.0207 |
| 0.6 | 0.0592 | -0.0238 | 0.5934 | 0.0178 |
| 0.65 | 0.051 | -0.0217 | 0.6439 | 0.0148 |
| 0.7 | 0.0424 | -0.0191 | 0.6946 | 0.0117 |
| 0.75 | 0.0336 | -0.0164 | 0.7457 | 0.0087 |
| 0.8 | 0.0251 | -0.0134 | 0.7968 | 0.0059 |
| 0.85 | 0.0172 | -0.0102 | 0.8479 | 0.0035 |
| 0.9 | 0.0102 | -0.0069 | 0.8989 | 0.0017 |
| 0.95 | 0.0043 | -0.0035 | 0.9496 | $4.3455 \cdot 10^{-4}$ |
| 1 | 0 | 0 | 1 | 0 |

**Airfoil # 11**

**Parameters:**        r = 0.01      ω = 0.05       xg = 0.42      yg = 0.02      β = 0.1

x := 0, 0.001 .. 1      c := 0, 0.05 .. 1

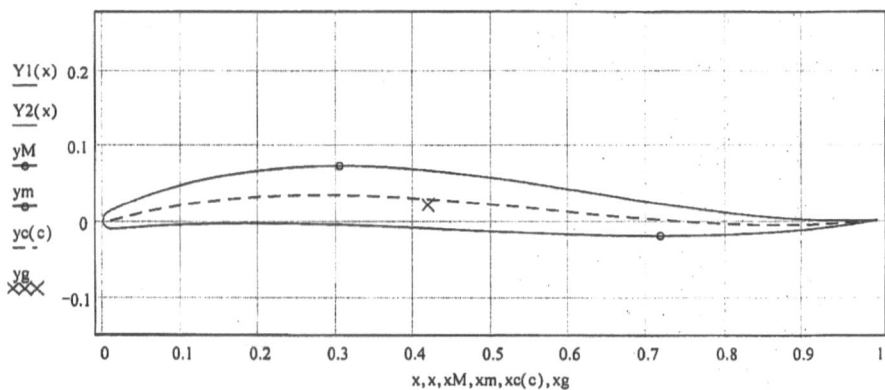

x, x, xM, xm, xc(c), xg

**Coordinates of Points**        x := 0, 0.05 .. 1

| | Airfoil | | Camber line | |
|---|---|---|---|---|
| x | Yupper(x) | Ylower(x) | xc(c) | yc(c) |
| 0 | 0 | 0 | 0.01 | 0 |
| 0.05 | 0.0294 | -0.0079 | 0.0567 | 0.0116 |
| 0.1 | 0.0457 | -0.0052 | 0.1069 | 0.0209 |
| 0.15 | 0.0574 | -0.0037 | 0.1559 | 0.0272 |
| 0.2 | 0.0653 | -0.0033 | 0.2042 | 0.0311 |
| 0.25 | 0.0698 | -0.0038 | 0.2522 | 0.033 |
| 0.3 | 0.0713 | -0.0051 | 0.3002 | 0.0331 |
| 0.35 | 0.0704 | -0.0069 | 0.3484 | 0.0318 |
| 0.4 | 0.0673 | -0.009 | 0.3969 | 0.0293 |
| 0.45 | 0.0624 | -0.0114 | 0.4459 | 0.0258 |
| 0.5 | 0.0561 | -0.0137 | 0.4952 | 0.0215 |
| 0.55 | 0.0488 | -0.016 | 0.545 | 0.0167 |
| 0.6 | 0.0408 | -0.0179 | 0.5952 | 0.0118 |
| 0.65 | 0.0326 | -0.0193 | 0.6458 | 0.0069 |
| 0.7 | 0.0245 | -0.02 | 0.6965 | 0.0024 |
| 0.75 | 0.0169 | -0.0198 | 0.7474 | -0.0014 |
| 0.8 | 0.0102 | -0.0186 | 0.7982 | -0.0042 |
| 0.85 | 0.0048 | -0.0163 | 0.849 | -0.0057 |
| 0.9 | 0.0011 | -0.0125 | 0.8996 | -0.0057 |
| 0.95 | $-6.6824 \cdot 10^{-4}$ | -0.0071 | 0.95 | -0.0039 |
| 1 | 0 | 0 | 1 | 0 |

**Airfoil # 12**

**Parameters:**     r = 0.01     ω = 0.055     xg = 0.42     yg = 0.02     β = 0.1

x := 0,0.001 .. 1     c := 0,0.05 .. 1

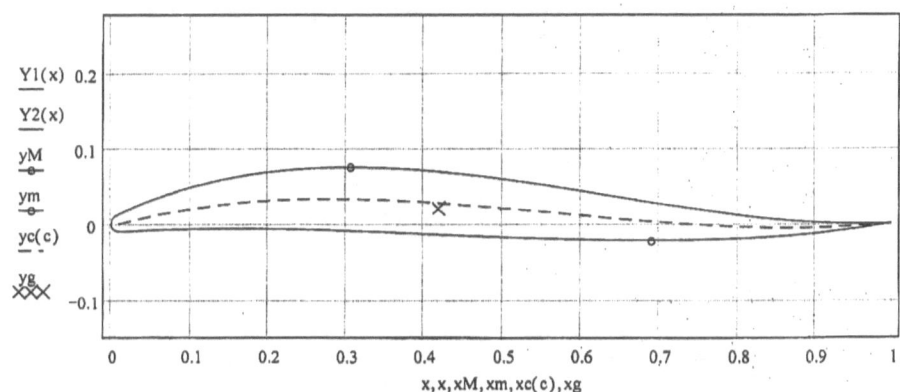

**Coordinates of Points**       x := 0,0.05 .. 1

| | Airfoil | | Camber line | |
|---|---|---|---|---|
| x | Yupper(x) | Ylower(x) | xc(c) | yc(c) |
| 0 | 0 | 0 | 0.01 | 0 |
| 0.05 | 0.0307 | -0.0089 | 0.0576 | 0.0118 |
| 0.1 | 0.048 | -0.0073 | 0.108 | 0.021 |
| 0.15 | 0.0604 | -0.0067 | 0.1569 | 0.0272 |
| 0.2 | 0.0688 | -0.007 | 0.2049 | 0.031 |
| 0.25 | 0.0736 | -0.0079 | 0.2526 | 0.0329 |
| 0.3 | 0.0754 | -0.0094 | 0.3003 | 0.033 |
| 0.35 | 0.0745 | -0.0113 | 0.3482 | 0.0317 |
| 0.4 | 0.0713 | -0.0134 | 0.3965 | 0.0291 |
| 0.45 | 0.0663 | -0.0156 | 0.4452 | 0.0256 |
| 0.5 | 0.0598 | -0.0177 | 0.4945 | 0.0213 |
| 0.55 | 0.0521 | -0.0196 | 0.5443 | 0.0166 |
| 0.6 | 0.0437 | -0.021 | 0.5945 | 0.0117 |
| 0.65 | 0.0351 | -0.022 | 0.6451 | 0.0068 |
| 0.7 | 0.0265 | -0.0222 | 0.696 | 0.0023 |
| 0.75 | 0.0185 | -0.0216 | 0.747 | -0.0015 |
| 0.8 | 0.0114 | -0.0199 | 0.798 | -0.0043 |
| 0.85 | 0.0056 | -0.0171 | 0.8489 | -0.0058 |
| 0.9 | 0.0015 | -0.013 | 0.8996 | -0.0057 |
| 0.95 | $-4.8911 \cdot 10^{-4}$ | -0.0073 | 0.9499 | -0.0039 |
| 1 | 0 | 0 | 1 | 0 |

**Airfoil # 13**

**Parameters:**      $r = 0.01$     $\omega = 0.06$     $xg = 0.42$     $yg = 0.02$     $\beta = 0.1$

$x := 0, 0.001 .. 1$     $c := 0, 0.05 .. 1$

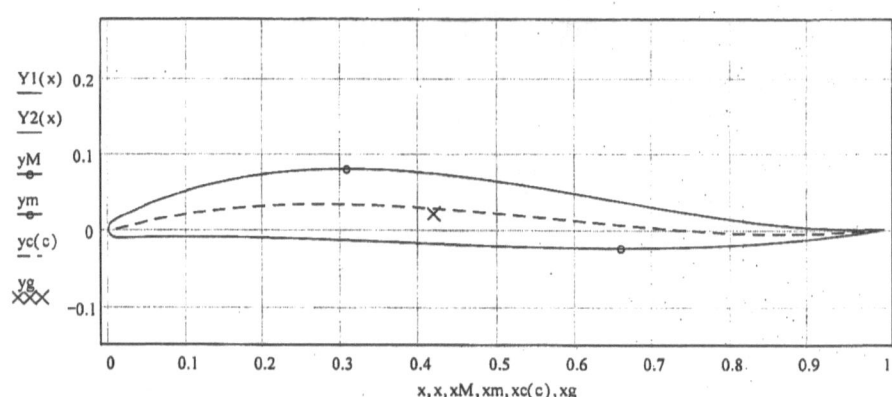

**Coordinates of Points**          $x := 0, 0.05 .. 1$

| | Airfoil | | Camber line | |
|---|---|---|---|---|
| x | Yupper(x) | Ylower(x) | xc(c) | yc(c) |
| 0 | 0 | 0 | 0.01 | 0 |
| 0.05 | 0.0319 | -0.0099 | 0.0585 | 0.0119 |
| 0.1 | 0.0503 | -0.0094 | 0.1091 | 0.0211 |
| 0.15 | 0.0635 | -0.0097 | 0.1579 | 0.0273 |
| 0.2 | 0.0724 | -0.0106 | 0.2057 | 0.031 |
| 0.25 | 0.0775 | -0.012 | 0.2531 | 0.0328 |
| 0.3 | 0.0795 | -0.0138 | 0.3004 | 0.0329 |
| 0.35 | 0.0786 | -0.0157 | 0.348 | 0.0315 |
| 0.4 | 0.0754 | -0.0178 | 0.396 | 0.029 |
| 0.45 | 0.0702 | -0.0198 | 0.4446 | 0.0255 |
| 0.5 | 0.0634 | -0.0216 | 0.4937 | 0.0212 |
| 0.55 | 0.0554 | -0.0231 | 0.5434 | 0.0165 |
| 0.6 | 0.0466 | -0.0242 | 0.5937 | 0.0115 |
| 0.65 | 0.0375 | -0.0247 | 0.6444 | 0.0067 |
| 0.7 | 0.0285 | -0.0244 | 0.6954 | 0.0022 |
| 0.75 | 0.0201 | -0.0233 | 0.7465 | -0.0015 |
| 0.8 | 0.0125 | -0.0212 | 0.7977 | -0.0043 |
| 0.85 | 0.0064 | -0.018 | 0.8487 | -0.0058 |
| 0.9 | 0.0019 | -0.0135 | 0.8995 | -0.0058 |
| 0.95 | $-3.0667 \cdot 10^{-4}$ | -0.0075 | 0.9499 | -0.0039 |
| 1 | 0 | 0 | 1 | 0 |

**Airfoil # 14**

**Parameters:**        $r = 0.01$     $\omega = 0.065$     $xg = 0.42$     $yg = 0.02$     $\beta = 0.1$

$x := 0, 0.001 .. 1$     $c := 0, 0.05 .. 1$

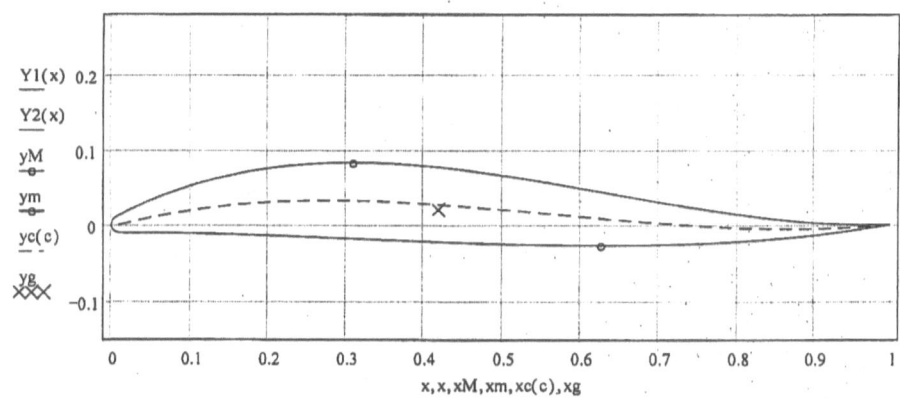

**Coordinates of Points**          $x := 0, 0.05 .. 1$

| | Airfoil | | Camber line | |
|---|---|---|---|---|
| x | Yupper(x) | Ylower(x) | xc(c) | yc(c) |
| 0 | 0 | 0 | 0.01 | 0 |
| 0.05 | 0.0332 | -0.0109 | 0.0595 | 0.0121 |
| 0.1 | 0.0526 | -0.0115 | 0.1103 | 0.0213 |
| 0.15 | 0.0666 | -0.0127 | 0.1591 | 0.0274 |
| 0.2 | 0.076 | -0.0142 | 0.2066 | 0.031 |
| 0.25 | 0.0815 | -0.016 | 0.2536 | 0.0327 |
| 0.3 | 0.0836 | -0.018 | 0.3006 | 0.0328 |
| 0.35 | 0.0828 | -0.0201 | 0.3478 | 0.0314 |
| 0.4 | 0.0795 | -0.0221 | 0.3955 | 0.0289 |
| 0.45 | 0.0741 | -0.024 | 0.4439 | 0.0254 |
| 0.5 | 0.067 | -0.0255 | 0.4929 | 0.0211 |
| 0.55 | 0.0587 | -0.0267 | 0.5426 | 0.0164 |
| 0.6 | 0.0495 | -0.0274 | 0.5928 | 0.0114 |
| 0.65 | 0.04 | -0.0274 | 0.6436 | 0.0066 |
| 0.7 | 0.0306 | -0.0267 | 0.6947 | 0.0021 |
| 0.75 | 0.0217 | -0.0251 | 0.746 | -0.0016 |
| 0.8 | 0.0137 | -0.0225 | 0.7974 | -0.0044 |
| 0.85 | 0.0071 | -0.0188 | 0.8485 | -0.0058 |
| 0.9 | 0.0024 | -0.0139 | 0.8994 | -0.0058 |
| 0.95 | $-1.2081 \cdot 10^{-4}$ | -0.0077 | 0.9499 | -0.0039 |
| 1 | 0 | 0 | 1 | 0 |

**Airfoil # 15**

**Parameters:**      $r = 0.01$      $\omega = 0.07$      $xg = 0.42$      $yg = 0.02$      $\beta = 0.1$

$$x := 0, 0.001 .. 1 \qquad c := 0, 0.05 .. 1$$

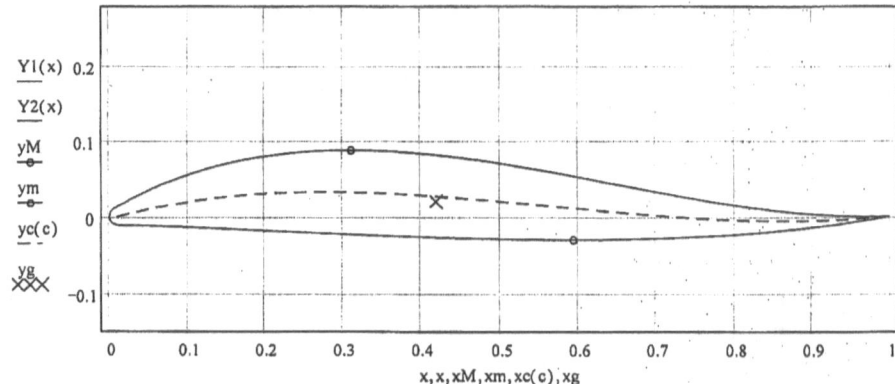

$$x, x, xM, xm, xc(c), xg$$

**Coordinates of Points**       $x := 0, 0.05 .. 1$

| | Airfoil | | Camber line | |
|---|---|---|---|---|
| x | Yupper(x) | Ylower(x) | xc(c) | yc(c) |
| 0 | 0 | 0 | 0.01 | 0 |
| 0.05 | 0.0346 | -0.0119 | 0.0605 | 0.0124 |
| 0.1 | 0.055 | -0.0136 | 0.1116 | 0.0215 |
| 0.15 | 0.0697 | -0.0156 | 0.1603 | 0.0275 |
| 0.2 | 0.0796 | -0.0177 | 0.2075 | 0.0311 |
| 0.25 | 0.0854 | -0.02 | 0.2542 | 0.0327 |
| 0.3 | 0.0877 | -0.0223 | 0.3007 | 0.0327 |
| 0.35 | 0.0869 | -0.0244 | 0.3476 | 0.0313 |
| 0.4 | 0.0835 | -0.0264 | 0.395 | 0.0288 |
| 0.45 | 0.0779 | -0.0281 | 0.4431 | 0.0253 |
| 0.5 | 0.0706 | -0.0294 | 0.492 | 0.021 |
| 0.55 | 0.062 | -0.0303 | 0.5416 | 0.0163 |
| 0.6 | 0.0524 | -0.0305 | 0.5919 | 0.0114 |
| 0.65 | 0.0425 | -0.0301 | 0.6428 | 0.0065 |
| 0.7 | 0.0326 | -0.0289 | 0.6941 | 0.0021 |
| 0.75 | 0.0233 | -0.0268 | 0.7455 | -0.0017 |
| 0.8 | 0.0149 | -0.0238 | 0.797 | -0.0044 |
| 0.85 | 0.0079 | -0.0197 | 0.8483 | -0.0059 |
| 0.9 | 0.0029 | -0.0145 | 0.8993 | -0.0058 |
| 0.95 | $7.3401 \cdot 10^{-5}$ | -0.0079 | 0.9499 | -0.0039 |
| 1 | 0 | 0 | 1 | 0 |

3. Вариация профиля в зависимости от изменения абсциссы $x_g$ и угла $\beta$.

Таблица 4

| Профили | $r$ | $\omega$ | $x_g$ | $y_g$ | $\beta$ |
|---|---|---|---|---|---|
| 1 | 0.01 | 0.06 | 0.4 | 0.02 | -0.1 |
| 2 | | | 0.41 | | |
| 3 | | | 0.42 | | |
| 4 | | | 0.43 | | |
| 5 | | | 0.44 | | |
| 6 | 0.01 | 0.06 | 0.4 | 0.02 | 0 |
| 7 | | | 0.41 | | |
| 8 | | | 0.42 | | |
| 9 | | | 0.43 | | |
| 10 | | | 0.44 | | |
| 11 | 0.01 | 0.06 | 0.4 | 0.02 | 0.1 |
| 12 | | | 0.41 | | |
| 13 | | | 0.42 | | |
| 14 | | | 0.43 | | |
| 15 | | | 0.44 | | |

Расчеты выполнены по программе G.

## Airfoil # 1

**Parameters:**        $r = 0.01$    $\omega = 0.06$    $xg = 0.4$    $yg = 0.02$    $\beta = -0.1$

$$x := 0, 0.001 .. 1 \qquad c := 0, 0.05 .. 1$$

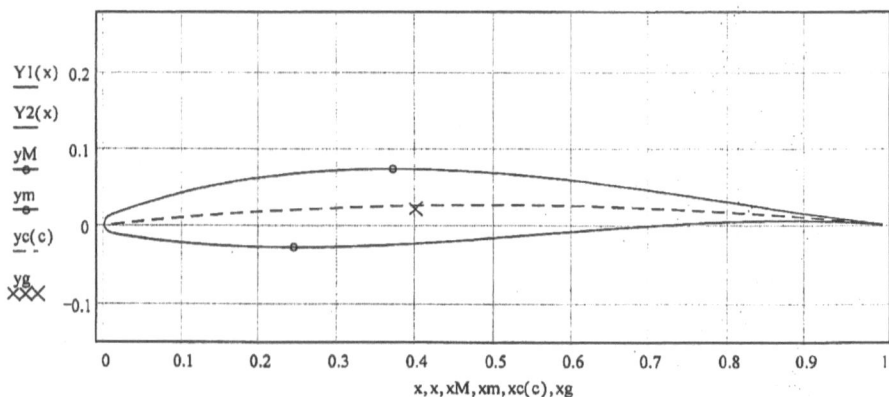

$Y1(x)$
$Y2(x)$
$yM$
$ym$
$yc(c)$
$yg$

$x, x, xM, xm, xc(c), xg$

**Coordinates of Points**        $x := 0, 0.05 .. 1$

| | Airfoil | | | Camber line | |
|---|---|---|---|---|---|
| x | Yupper(x) | Ylower(x) | | xc(c) | yc(c) |
| 0 | 0 | 0 | | 0.01 | 0 |
| 0.05 | 0.0267 | -0.0174 | | 0.0571 | 0.0049 |
| 0.1 | 0.0414 | -0.0228 | | 0.1083 | 0.0095 |
| 0.15 | 0.0529 | -0.0264 | | 0.1579 | 0.0134 |
| 0.2 | 0.0615 | -0.0284 | | 0.2066 | 0.0167 |
| 0.25 | 0.0677 | -0.0289 | | 0.2548 | 0.0195 |
| 0.3 | 0.0715 | -0.0283 | | 0.3028 | 0.0217 |
| 0.35 | 0.0733 | -0.0265 | | 0.3508 | 0.0234 |
| 0.4 | 0.0732 | -0.024 | | 0.3991 | 0.0246 |
| 0.45 | 0.0714 | -0.0208 | | 0.4477 | 0.0253 |
| 0.5 | 0.0682 | -0.0171 | | 0.4967 | 0.0256 |
| 0.55 | 0.0638 | -0.0132 | | 0.5461 | 0.0252 |
| 0.6 | 0.0582 | -0.0093 | | 0.596 | 0.0245 |
| 0.65 | 0.0519 | -0.0055 | | 0.6461 | 0.0232 |
| 0.7 | 0.0448 | -0.0021 | | 0.6966 | 0.0214 |
| 0.75 | 0.0373 | $7.8503 \cdot 10^{-4}$ | | 0.7472 | 0.0191 |
| 0.8 | 0.0295 | 0.0029 | | 0.7979 | 0.0163 |
| 0.85 | 0.0217 | 0.0041 | | 0.8486 | 0.0129 |
| 0.9 | 0.014 | 0.0041 | | 0.8993 | 0.0091 |
| 0.95 | 0.0067 | 0.0028 | | 0.9497 | 0.0048 |
| 1 | 0 | 0 | | 1 | 0 |

**Airfoil # 2**

| Parameters: | r = 0.01 | ω = 0.06 | xg = 0.41 | yg = 0.02 | β = -0.1 |

$x := 0, 0.001 .. 1$     $c := 0, 0.05 .. 1$

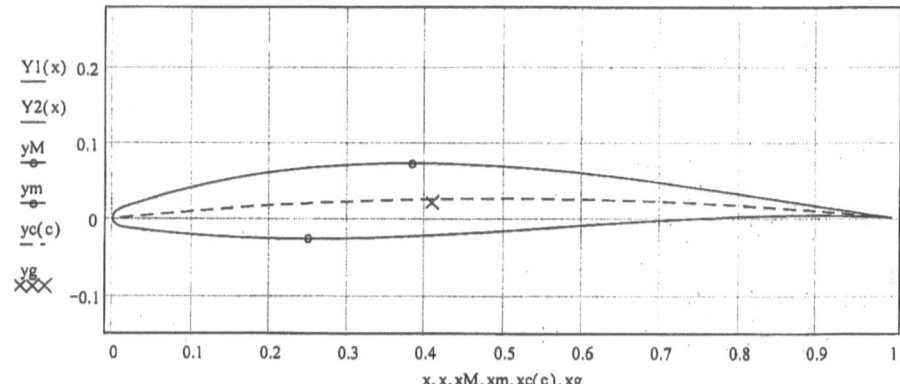

x, x, xM, xm, xc(c), xg

**Coordinates of Points**     $x := 0, 0.05 .. 1$

| | Airfoil | | Camber line | |
|---|---|---|---|---|
| x | Yupper(x) | Ylower(x) | xc(c) | yc(c) |
| 0 | 0 | 0 | 0.01 | 0 |
| 0.05 | 0.026 | -0.0167 | 0.0566 | 0.0048 |
| 0.1 | 0.0401 | -0.0216 | 0.1077 | 0.0095 |
| 0.15 | 0.0512 | -0.0249 | 0.1574 | 0.0134 |
| 0.2 | 0.0598 | -0.0267 | 0.2063 | 0.0167 |
| 0.25 | 0.0659 | -0.0272 | 0.2547 | 0.0195 |
| 0.3 | 0.07 | -0.0267 | 0.3029 | 0.0217 |
| 0.35 | 0.072 | -0.0252 | 0.3511 | 0.0234 |
| 0.4 | 0.0723 | -0.023 | 0.3995 | 0.0247 |
| 0.45 | 0.071 | -0.0203 | 0.4481 | 0.0254 |
| 0.5 | 0.0682 | -0.0171 | 0.4971 | 0.0256 |
| 0.55 | 0.0642 | -0.0136 | 0.5464 | 0.0253 |
| 0.6 | 0.0591 | -0.0101 | 0.5961 | 0.0245 |
| 0.65 | 0.0531 | -0.0067 | 0.6462 | 0.0232 |
| 0.7 | 0.0463 | -0.0036 | 0.6965 | 0.0214 |
| 0.75 | 0.039 | $-8.9162 \cdot 10^{-4}$ | 0.747 | 0.0191 |
| 0.8 | 0.0313 | 0.0012 | 0.7976 | 0.0163 |
| 0.85 | 0.0233 | 0.0025 | 0.8483 | 0.013 |
| 0.9 | 0.0153 | 0.0028 | 0.899 | 0.0091 |
| 0.95 | 0.0075 | 0.0021 | 0.9496 | 0.0048 |
| 1 | 0 | 0 | 1 | 0 |

**Airfoil # 3**

**Parameters:**      $r = 0.01$     $\omega = 0.06$     $xg = 0.42$     $yg = 0.02$     $\beta = -0.1$

$x := 0, 0.001 .. 1$     $c := 0, 0.05 .. 1$

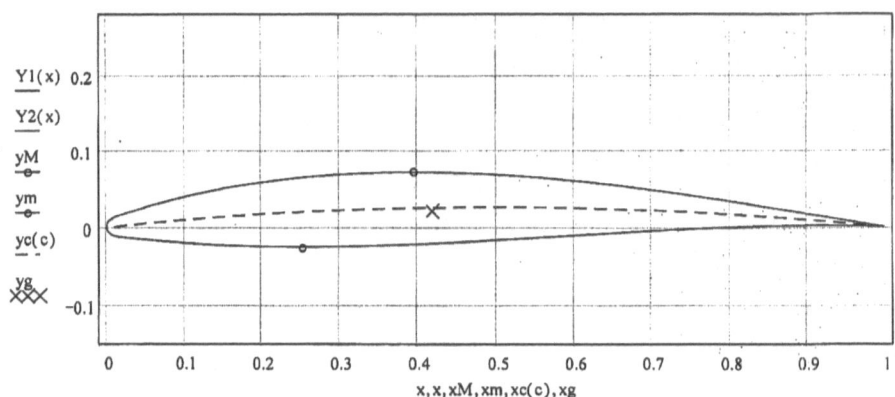

$$x, x, xM, xm, xc(c), xg$$

**Coordinates of Points**          $x := 0, 0.05 .. 1$

| | **Airfoil** | | **Camber line** | |
|---|---|---|---|---|
| x | Yupper(x) | Ylower(x) | xc(c) | yc(c) |
| 0 | 0 | 0 | 0.01 | 0 |
| 0.05 | 0.0253 | -0.0161 | 0.0561 | 0.0048 |
| 0.1 | 0.0388 | -0.0204 | 0.1071 | 0.0094 |
| 0.15 | 0.0496 | -0.0233 | 0.1569 | 0.0134 |
| 0.2 | 0.058 | -0.0249 | 0.206 | 0.0167 |
| 0.25 | 0.0642 | -0.0255 | 0.2546 | 0.0195 |
| 0.3 | 0.0684 | -0.0251 | 0.303 | 0.0217 |
| 0.35 | 0.0708 | -0.024 | 0.3514 | 0.0235 |
| 0.4 | 0.0714 | -0.0221 | 0.3999 | 0.0247 |
| 0.45 | 0.0705 | -0.0197 | 0.4485 | 0.0254 |
| 0.5 | 0.0682 | -0.017 | 0.4975 | 0.0256 |
| 0.55 | 0.0647 | -0.014 | 0.5467 | 0.0253 |
| 0.6 | 0.06 | -0.0109 | 0.5963 | 0.0245 |
| 0.65 | 0.0544 | -0.0079 | 0.6462 | 0.0232 |
| 0.7 | 0.0479 | -0.0051 | 0.6964 | 0.0215 |
| 0.75 | 0.0407 | -0.0026 | 0.7468 | 0.0191 |
| 0.8 | 0.0331 | $-5.3917 \cdot 10^{-4}$ | 0.7974 | 0.0163 |
| 0.85 | 0.025 | $8.748 \cdot 10^{-4}$ | 0.848 | 0.013 |
| 0.9 | 0.0167 | 0.0015 | 0.8987 | 0.0092 |
| 0.95 | 0.0083 | 0.0013 | 0.9494 | 0.0048 |
| 1 | 0 | 0 | 1 | 0 |

**Airfoil # 4**

**Parameters:**        $r = 0.01$      $\omega = 0.06$      $xg = 0.43$      $yg = 0.02$      $\beta = -0.1$

$$x := 0, 0.001 .. 1 \qquad c := 0, 0.05 .. 1$$

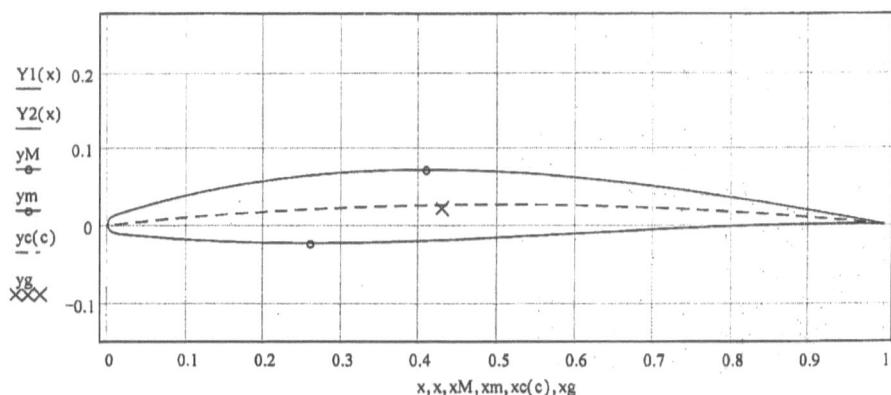

**Coordinates of Points**        $x := 0, 0.05 .. 1$

| | Airfoil | | Camber line | |
|---|---|---|---|---|
| x | Yupper(x) | Ylower(x) | xc(c) | yc(c) |
| 0 | 0 | 0 | 0.01 | 0 |
| 0.05 | 0.0246 | -0.0155 | 0.0556 | 0.0048 |
| 0.1 | 0.0375 | -0.0192 | 0.1066 | 0.0094 |
| 0.15 | 0.048 | -0.0217 | 0.1565 | 0.0133 |
| 0.2 | 0.0562 | -0.0232 | 0.2057 | 0.0167 |
| 0.25 | 0.0625 | -0.0238 | 0.2546 | 0.0195 |
| 0.3 | 0.0669 | -0.0236 | 0.3031 | 0.0217 |
| 0.35 | 0.0695 | -0.0227 | 0.3517 | 0.0235 |
| 0.4 | 0.0705 | -0.0212 | 0.4002 | 0.0247 |
| 0.45 | 0.0701 | -0.0192 | 0.4489 | 0.0254 |
| 0.5 | 0.0682 | -0.0169 | 0.4979 | 0.0257 |
| 0.55 | 0.0651 | -0.0144 | 0.5471 | 0.0254 |
| 0.6 | 0.0609 | -0.0118 | 0.5965 | 0.0246 |
| 0.65 | 0.0556 | -0.0091 | 0.6463 | 0.0233 |
| 0.7 | 0.0494 | -0.0066 | 0.6963 | 0.0215 |
| 0.75 | 0.0425 | -0.0042 | 0.7466 | 0.0192 |
| 0.8 | 0.0348 | -0.0023 | 0.7971 | 0.0164 |
| 0.85 | 0.0267 | $-7.3917 \cdot 10^{-4}$ | 0.8477 | 0.013 |
| 0.9 | 0.018 | $2.2455 \cdot 10^{-4}$ | 0.8984 | 0.0092 |
| 0.95 | 0.0091 | $5.0891 \cdot 10^{-4}$ | 0.9492 | 0.0048 |
| 1 | 0 | 0 | 1 | 0 |

**Airfoil # 5**

**Parameters:**          r = 0.01      ω = 0.06      xg = 0.44      yg = 0.02      β = -0.1

x := 0, 0.001 .. 1      c := 0, 0.05 .. 1

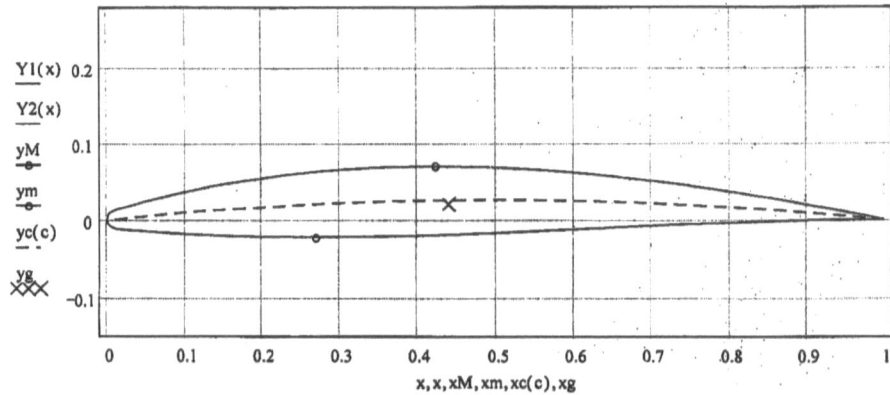

x, x, xM, xm, xc(c), xg

**Coordinates of Points**          x := 0, 0.05 .. 1

|  | **Airfoil** | | **Camber line** | |
| --- | --- | --- | --- | --- |
| x | Yupper(x) | Ylower(x) | xc(c) | yc(c) |
| 0 | 0 | 0 | 0.01 | 0 |
| 0.05 | 0.0239 | -0.0148 | 0.0551 | 0.0047 |
| 0.1 | 0.0362 | -0.0179 | 0.106 | 0.0093 |
| 0.15 | 0.0463 | -0.0201 | 0.156 | 0.0133 |
| 0.2 | 0.0545 | -0.0215 | 0.2054 | 0.0167 |
| 0.25 | 0.0608 | -0.0221 | 0.2545 | 0.0195 |
| 0.3 | 0.0653 | -0.022 | 0.3032 | 0.0217 |
| 0.35 | 0.0682 | -0.0214 | 0.3519 | 0.0235 |
| 0.4 | 0.0696 | -0.0202 | 0.4006 | 0.0247 |
| 0.45 | 0.0696 | -0.0187 | 0.4494 | 0.0255 |
| 0.5 | 0.0682 | -0.0169 | 0.4983 | 0.0257 |
| 0.55 | 0.0656 | -0.0148 | 0.5474 | 0.0254 |
| 0.6 | 0.0617 | -0.0126 | 0.5968 | 0.0246 |
| 0.65 | 0.0569 | -0.0103 | 0.6464 | 0.0233 |
| 0.7 | 0.051 | -0.0081 | 0.6963 | 0.0215 |
| 0.75 | 0.0442 | -0.0059 | 0.7464 | 0.0192 |
| 0.8 | 0.0366 | -0.004 | 0.7968 | 0.0164 |
| 0.85 | 0.0283 | -0.0024 | 0.8474 | 0.0131 |
| 0.9 | 0.0194 | -0.0011 | 0.8981 | 0.0092 |
| 0.95 | 0.0099 | $-2.6958 \cdot 10^{-4}$ | 0.949 | 0.0049 |
| 1 | 0 | 0 | 1 | 0 |

## Airfoil # 6

**Parameters:**       $r = 0.01$      $\omega = 0.06$      $xg = 0.4$      $yg = 0.02$      $\beta = 0$

$x := 0, 0.001 .. 1$      $c := 0, 0.05 .. 1$

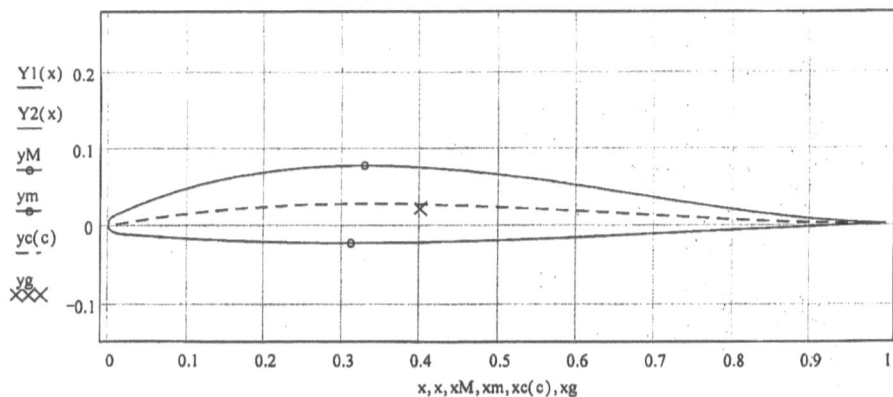

$Y1(x)$   0.2

$Y2(x)$

$yM$      0.1

$ym$

$yc(c)$     0

$yg$     -0.1

$x, x, xM, xm, xc(c), xg$

**Coordinates of Points**          $x := 0, 0.05 .. 1$

|  | Airfoil | | Camber line | |
|---|---|---|---|---|
| x | Yupper(x) | Ylower(x) | xc(c) | yc(c) |
| 0 | 0 | 0 | 0.01 | 0 |
| 0.05 | 0.0298 | -0.0144 | 0.0584 | 0.0082 |
| 0.1 | 0.0467 | -0.0177 | 0.1093 | 0.015 |
| 0.15 | 0.0593 | -0.0201 | 0.1584 | 0.0199 |
| 0.2 | 0.0681 | -0.0218 | 0.2064 | 0.0233 |
| 0.25 | 0.0737 | -0.0229 | 0.2539 | 0.0254 |
| 0.3 | 0.0764 | -0.0233 | 0.3014 | 0.0265 |
| 0.35 | 0.0765 | -0.0232 | 0.349 | 0.0267 |
| 0.4 | 0.0745 | -0.0225 | 0.3971 | 0.026 |
| 0.45 | 0.0706 | -0.0215 | 0.4457 | 0.0246 |
| 0.5 | 0.0652 | -0.0201 | 0.4948 | 0.0227 |
| 0.55 | 0.0586 | -0.0184 | 0.5445 | 0.0202 |
| 0.6 | 0.0511 | -0.0164 | 0.5947 | 0.0174 |
| 0.65 | 0.0431 | -0.0143 | 0.6453 | 0.0145 |
| 0.7 | 0.0348 | -0.0121 | 0.6962 | 0.0114 |
| 0.75 | 0.0267 | -0.0098 | 0.7471 | 0.0085 |
| 0.8 | 0.0191 | -0.0076 | 0.7981 | 0.0058 |
| 0.85 | 0.0122 | -0.0054 | 0.8489 | 0.0034 |
| 0.9 | 0.0066 | -0.0034 | 0.8995 | 0.0016 |
| 0.95 | 0.0024 | -0.0015 | 0.9499 | $4.2429 \cdot 10^{-4}$ |
| 1 | 0 | 0 | 1 | 0 |

**Airfoil # 7**

**Parameters:**          $r = 0.01$      $\omega = 0.06$      $xg = 0.41$      $yg = 0.02$      $\beta = 0$

$x = 0, 0.001 .. 1$      $c := 0, 0.05 .. 1$

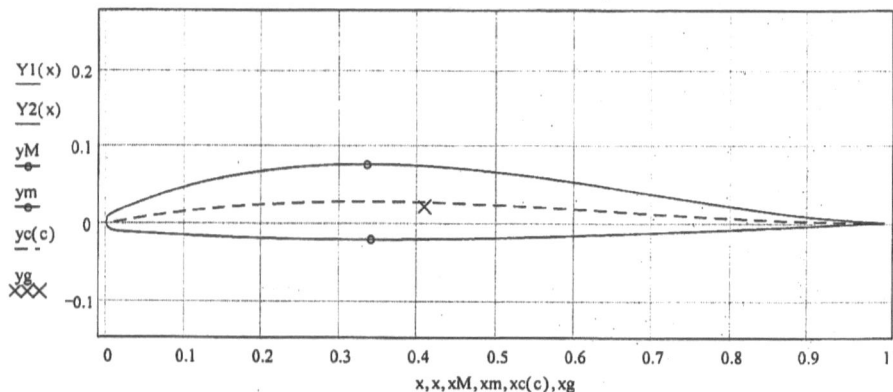

**Coordinates of Points**          $x = 0, 0.05 .. 1$

| | Airfoil | | | Camber line | |
|---|---|---|---|---|---|
| x | Yupper(x) | Ylower(x) | | xc(c) | yc(c) |
| 0 | 0 | 0 | | 0.01 | 0 |
| 0.05 | 0.0291 | -0.0137 | | 0.0578 | 0.0082 |
| 0.1 | 0.0456 | -0.0163 | | 0.1087 | 0.0151 |
| 0.15 | 0.0579 | -0.0183 | | 0.1579 | 0.0201 |
| 0.2 | 0.0666 | -0.0198 | | 0.2061 | 0.0236 |
| 0.25 | 0.0723 | -0.0208 | | 0.2539 | 0.0258 |
| 0.3 | 0.0752 | -0.0214 | | 0.3016 | 0.0269 |
| 0.35 | 0.0756 | -0.0215 | | 0.3494 | 0.027 |
| 0.4 | 0.074 | -0.0213 | | 0.3975 | 0.0264 |
| 0.45 | 0.0705 | -0.0207 | | 0.4461 | 0.025 |
| 0.5 | 0.0655 | -0.0197 | | 0.4952 | 0.023 |
| 0.55 | 0.0593 | -0.0185 | | 0.5448 | 0.0205 |
| 0.6 | 0.0522 | -0.017 | | 0.5948 | 0.0177 |
| 0.65 | 0.0445 | -0.0153 | | 0.6453 | 0.0147 |
| 0.7 | 0.0365 | -0.0134 | | 0.696 | 0.0116 |
| 0.75 | 0.0285 | -0.0114 | | 0.7469 | 0.0086 |
| 0.8 | 0.0209 | -0.0092 | | 0.7978 | 0.0059 |
| 0.85 | 0.0139 | -0.0069 | | 0.8486 | 0.0035 |
| 0.9 | 0.0079 | -0.0046 | | 0.8993 | 0.0016 |
| 0.95 | 0.0032 | -0.0023 | | 0.9498 | $4.3238 \cdot 10^{-4}$ |
| 1 | 0 | 0 | | 1 | 0 |

**Airfoil # 8**

**Parameters:**    $r = 0.01$    $\omega = 0.06$    $xg = 0.42$    $yg = 0.02$    $\beta = 0$

$x := 0, 0.001 .. 1$    $c := 0, 0.05 .. 1$

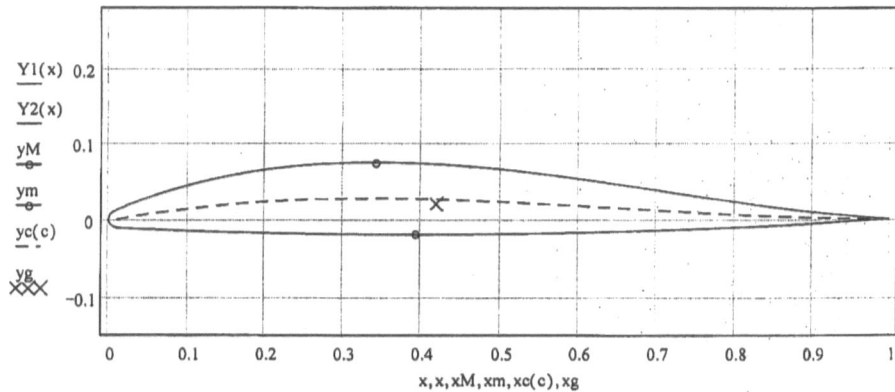

**Coordinates of Points**    $x := 0, 0.05 .. 1$

| | Airfoil | | Camber line | |
|---|---|---|---|---|
| x | Yupper(x) | Ylower(x) | xc(c) | yc(c) |
| 0 | 0 | 0 | 0.01 | 0 |
| 0.05 | 0.0285 | -0.013 | 0.0573 | 0.0083 |
| 0.1 | 0.0444 | -0.0149 | 0.1081 | 0.0152 |
| 0.15 | 0.0565 | -0.0165 | 0.1575 | 0.0203 |
| 0.2 | 0.0652 | -0.0178 | 0.2059 | 0.0238 |
| 0.25 | 0.0709 | -0.0188 | 0.2539 | 0.0261 |
| 0.3 | 0.074 | -0.0195 | 0.3017 | 0.0273 |
| 0.35 | 0.0747 | -0.0199 | 0.3497 | 0.0274 |
| 0.4 | 0.0734 | -0.02 | 0.3979 | 0.0267 |
| 0.45 | 0.0704 | -0.0198 | 0.4465 | 0.0253 |
| 0.5 | 0.0658 | -0.0194 | 0.4956 | 0.0233 |
| 0.55 | 0.0601 | -0.0186 | 0.5451 | 0.0208 |
| 0.6 | 0.0534 | -0.0176 | 0.595 | 0.018 |
| 0.65 | 0.046 | -0.0163 | 0.6453 | 0.0149 |
| 0.7 | 0.0382 | -0.0148 | 0.6959 | 0.0118 |
| 0.75 | 0.0304 | -0.0129 | 0.7466 | 0.0088 |
| 0.8 | 0.0228 | -0.0109 | 0.7975 | 0.006 |
| 0.85 | 0.0156 | -0.0085 | 0.8484 | 0.0036 |
| 0.9 | 0.0093 | -0.0059 | 0.8991 | 0.0017 |
| 0.95 | 0.004 | -0.0031 | 0.9497 | $4.4084 \cdot 10^{-4}$ |
| 1 | 0 | 0 | 1 | 0 |

**Airfoil # 9**

**Parameters:**   $r = 0.01$   $\omega = 0.06$   $xg = 0.43$   $yg = 0.02$   $\beta = 0$

$x := 0, 0.001 .. 1$   $c := 0, 0.05 .. 1$

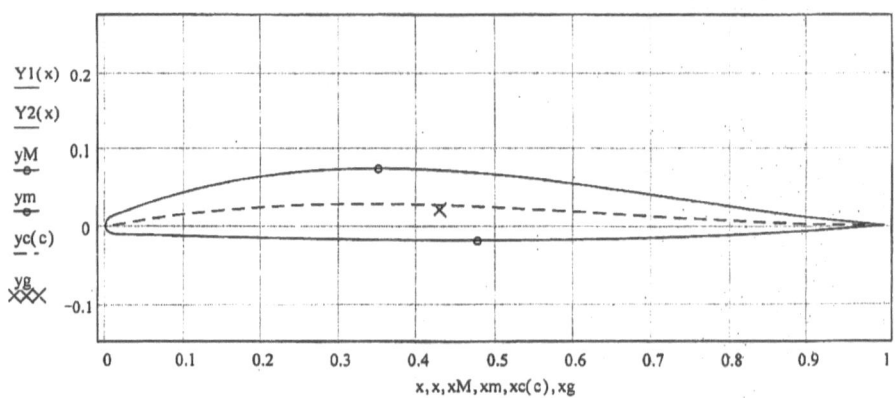

$x, x, xM, xm, xc(c), xg$

**Coordinates of Points**   $x := 0, 0.05 .. 1$

| | Airfoil | | Camber line | |
|---|---|---|---|---|
| x | Yupper(x) | Ylower(x) | xc(c) | yc(c) |
| 0 | 0 | 0 | 0.01 | 0 |
| 0.05 | 0.0278 | -0.0122 | 0.0568 | 0.0083 |
| 0.1 | 0.0433 | -0.0135 | 0.1076 | 0.0153 |
| 0.15 | 0.0551 | -0.0147 | 0.157 | 0.0205 |
| 0.2 | 0.0637 | -0.0158 | 0.2057 | 0.0241 |
| 0.25 | 0.0695 | -0.0167 | 0.2539 | 0.0264 |
| 0.3 | 0.0728 | -0.0176 | 0.3019 | 0.0276 |
| 0.35 | 0.0738 | -0.0182 | 0.35 | 0.0278 |
| 0.4 | 0.0729 | -0.0187 | 0.3983 | 0.0271 |
| 0.45 | 0.0703 | -0.019 | 0.4469 | 0.0257 |
| 0.5 | 0.0662 | -0.019 | 0.4959 | 0.0237 |
| 0.55 | 0.0608 | -0.0187 | 0.5453 | 0.0212 |
| 0.6 | 0.0545 | -0.0182 | 0.5951 | 0.0183 |
| 0.65 | 0.0474 | -0.0173 | 0.6453 | 0.0152 |
| 0.7 | 0.0399 | -0.0161 | 0.6957 | 0.012 |
| 0.75 | 0.0322 | -0.0145 | 0.7464 | 0.009 |
| 0.8 | 0.0246 | -0.0125 | 0.7972 | 0.0061 |
| 0.85 | 0.0173 | -0.0101 | 0.8481 | 0.0036 |
| 0.9 | 0.0106 | -0.0072 | 0.8989 | 0.0017 |
| 0.95 | 0.0048 | -0.0039 | 0.9495 | $4.4971 \cdot 10^{-4}$ |
| 1 | 0 | 0 | 1 | 0 |

## Airfoil # 10

**Parameters:**        $r = 0.01$     $\omega = 0.06$      $xg = 0.44$     $yg = 0.02$     $\beta = 0$

$x := 0, 0.001 .. 1$     $c := 0, 0.05 .. 1$

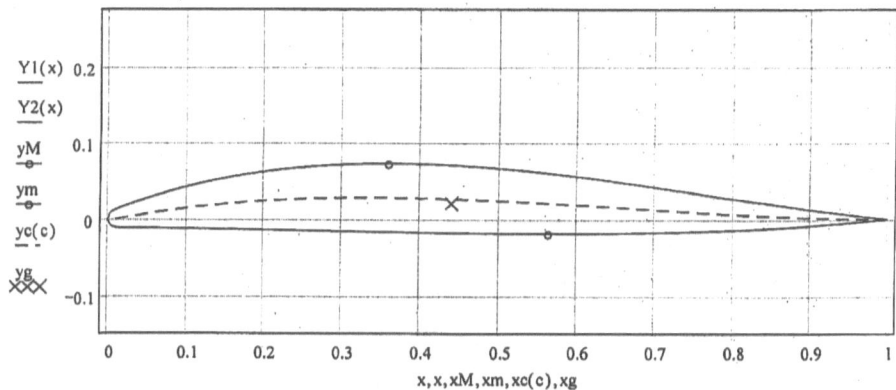

Coordinates of Points        $x := 0, 0.05 .. 1$

| x | Airfoil Yupper(x) | Ylower(x) | Camber line xc(c) | yc(c) |
|---|---|---|---|---|
| 0 | 0 | 0 | 0.01 | 0 |
| 0.05 | 0.0272 | -0.0115 | 0.0563 | 0.0083 |
| 0.1 | 0.0421 | -0.0121 | 0.107 | 0.0154 |
| 0.15 | 0.0537 | -0.0128 | 0.1566 | 0.0207 |
| 0.2 | 0.0623 | -0.0137 | 0.2054 | 0.0244 |
| 0.25 | 0.0681 | -0.0147 | 0.2538 | 0.0268 |
| 0.3 | 0.0716 | -0.0156 | 0.3021 | 0.028 |
| 0.35 | 0.073 | -0.0166 | 0.3503 | 0.0282 |
| 0.4 | 0.0724 | -0.0174 | 0.3987 | 0.0275 |
| 0.45 | 0.0702 | -0.0181 | 0.4473 | 0.0261 |
| 0.5 | 0.0665 | -0.0186 | 0.4963 | 0.024 |
| 0.55 | 0.0615 | -0.0188 | 0.5456 | 0.0215 |
| 0.6 | 0.0556 | -0.0188 | 0.5953 | 0.0186 |
| 0.65 | 0.0489 | -0.0183 | 0.6453 | 0.0154 |
| 0.7 | 0.0417 | -0.0174 | 0.6956 | 0.0122 |
| 0.75 | 0.0341 | -0.0161 | 0.7462 | 0.0091 |
| 0.8 | 0.0265 | -0.0141 | 0.7969 | 0.0062 |
| 0.85 | 0.019 | -0.0116 | 0.8478 | 0.0037 |
| 0.9 | 0.012 | -0.0085 | 0.8986 | 0.0017 |
| 0.95 | 0.0055 | -0.0046 | 0.9494 | $4.5902 \cdot 10^{-4}$ |
| 1 | 0 | 0 | 1 | 0 |

## Airfoil # 11

**Parameters:**   $r = 0.01$   $\omega = 0.06$   $xg = 0.4$   $yg = 0.02$   $\beta = 0.1$

$x := 0, 0.001 .. 1$   $c := 0, 0.05 .. 1$

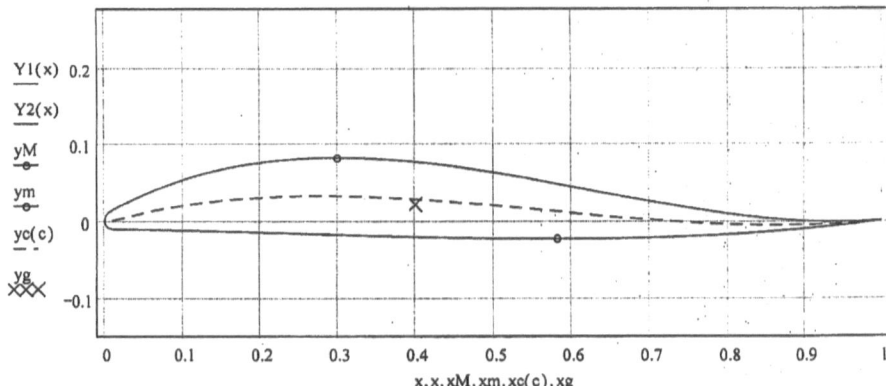

$x, x, xM, xm, xc(c), xg$

**Coordinates of Points**        $x := 0, 0.05 .. 1$

|  | Airfoil |  | Camber line |  |
|---|---|---|---|---|
| x | Yupper(x) | Ylower(x) | xc(c) | yc(c) |
| 0 | 0 | 0 | 0.01 | 0 |
| 0.05 | 0.0331 | -0.0115 | 0.0595 | 0.0117 |
| 0.1 | 0.0522 | -0.0125 | 0.1103 | 0.0205 |
| 0.15 | 0.0658 | -0.0138 | 0.1588 | 0.0264 |
| 0.2 | 0.0747 | -0.0152 | 0.2061 | 0.0299 |
| 0.25 | 0.0796 | -0.0167 | 0.253 | 0.0315 |
| 0.3 | 0.0811 | -0.0183 | 0.3 | 0.0315 |
| 0.35 | 0.0797 | -0.0197 | 0.3473 | 0.0301 |
| 0.4 | 0.0758 | -0.021 | 0.3951 | 0.0276 |
| 0.45 | 0.0698 | -0.0221 | 0.4437 | 0.0241 |
| 0.5 | 0.0621 | -0.023 | 0.493 | 0.0199 |
| 0.55 | 0.0534 | -0.0234 | 0.543 | 0.0153 |
| 0.6 | 0.0439 | -0.0235 | 0.5935 | 0.0105 |
| 0.65 | 0.0342 | -0.0231 | 0.6445 | 0.0058 |
| 0.7 | 0.0248 | -0.0221 | 0.6958 | 0.0015 |
| 0.75 | 0.0161 | -0.0204 | 0.747 | -0.0021 |
| 0.8 | 0.0087 | -0.0181 | 0.7982 | -0.0047 |
| 0.85 | 0.0029 | -0.0149 | 0.8491 | -0,006 |
| 0.9 | $-7.652 \cdot 10^{-4}$ | -0.0109 | 0.8997 | -0.0058 |
| 0.95 | -0.0019 | -0.006 | 0.95 | -0.004 |
| 1 | 0 | 0 | 1 | 0 |

## Airfoil # 12

**Parameters:**   $r = 0.01$   $\omega = 0.06$   $xg = 0.41$   $yg = 0.02$   $\beta = 0.1$

$$x := 0, 0.001 .. 1 \qquad c := 0, 0.05 .. 1$$

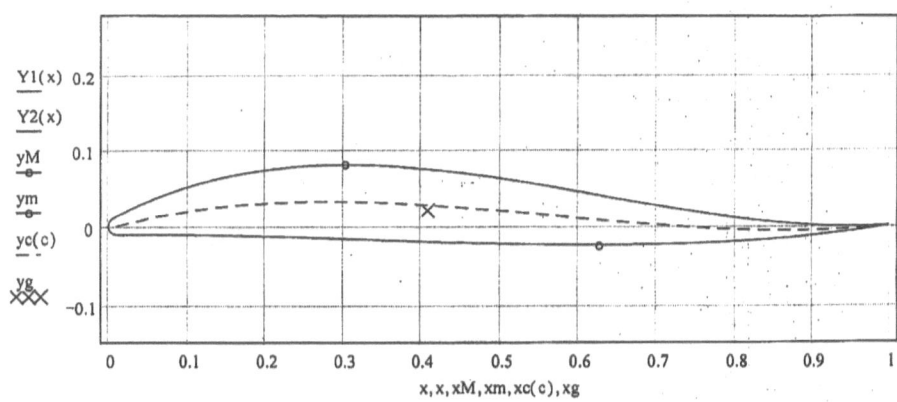

**Coordinates of Points**     $x := 0, 0.05 .. 1$

| | Airfoil | | Camber line | |
|---|---|---|---|---|
| x | Yupper(x) | Ylower(x) | xc(c) | yc(c) |
| 0 | 0 | 0 | 0.01 | 0 |
| 0.05 | 0.0325 | -0.0107 | 0.059 | 0.0118 |
| 0.1 | 0.0512 | -0.011 | 0.1097 | 0.0208 |
| 0.15 | 0.0646 | -0.0118 | 0.1583 | 0.0268 |
| 0.2 | 0.0735 | -0.0129 | 0.2059 | 0.0304 |
| 0.25 | 0.0786 | -0.0144 | 0.2531 | 0.0321 |
| 0.3 | 0.0803 | -0.016 | 0.3002 | 0.0322 |
| 0.35 | 0.0792 | -0.0177 | 0.3476 | 0.0308 |
| 0.4 | 0.0756 | -0.0194 | 0.3956 | 0.0283 |
| 0.45 | 0.07 | -0.021 | 0.4441 | 0.0248 |
| 0.5 | 0.0628 | -0.0223 | 0.4934 | 0.0206 |
| 0.55 | 0.0544 | -0.0233 | 0.5432 | 0.0159 |
| 0.6 | 0.0453 | -0.0239 | 0.5936 | 0.011 |
| 0.65 | 0.0359 | -0.0239 | 0.6444 | 0.0062 |
| 0.7 | 0.0267 | -0.0232 | 0.6956 | 0.0019 |
| 0.75 | 0.0181 | -0.0219 | 0.7468 | -0.0018 |
| 0.8 | 0.0106 | -0.0196 | 0.7979 | -0.0045 |
| 0.85 | 0.0046 | -0.0164 | 0.8489 | -0.0059 |
| 0.9 | $5.8817 \cdot 10^{-4}$ | -0.0122 | 0.8996 | -0.0058 |
| 0.95 | -0.0011 | -0.0067 | 0.95 | -0.0039 |
| 1 | 0 | 0 | 1 | 0 |

## Airfoil # 13

**Parameters:**      r = 0.01     ω = 0.06     xg = 0.42     yg = 0.02     β = 0.1

x = 0, 0.001 .. 1     c := 0, 0.05 .. 1

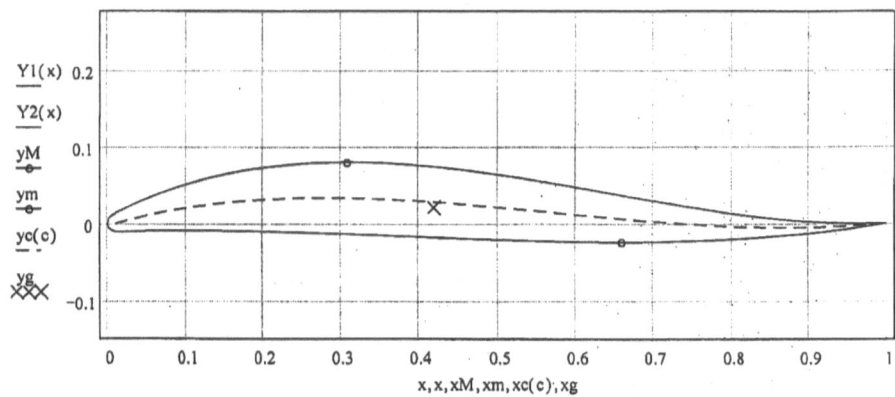

**Coordinates of Points**          x := 0, 0.05 .. 1

| | Airfoil | | Camber line | |
|---|---|---|---|---|
| x | Yupper(x) | Ylower(x) | xc(c) | yc(c) |
| 0 | 0 | 0 | 0.01 | 0 |
| 0.05 | 0.0319 | -0.0099 | 0.0585 | 0.0119 |
| 0.1 | 0.0503 | -0.0094 | 0.1091 | 0.0211 |
| 0.15 | 0.0635 | -0.0097 | 0.1579 | 0.0273 |
| 0.2 | 0.0724 | -0.0106 | 0.2057 | 0.031 |
| 0.25 | 0.0775 | -0.012 | 0.2531 | 0.0328 |
| 0.3 | 0.0795 | -0.0138 | 0.3004 | 0.0329 |
| 0.35 | 0.0786 | -0.0157 | 0.348 | 0.0315 |
| 0.4 | 0.0754 | -0.0178 | 0.396 | 0.029 |
| 0.45 | 0.0702 | -0.0198 | 0.4446 | 0.0255 |
| 0.5 | 0.0634 | -0.0216 | 0.4937 | 0.0212 |
| 0.55 | 0.0554 | -0.0231 | 0.5434 | 0.0165 |
| 0.6 | 0.0466 | -0.0242 | 0.5937 | 0.0115 |
| 0.65 | 0.0375 | -0.0247 | 0.6444 | 0.0067 |
| 0.7 | 0.0285 | -0.0244 | 0.6954 | 0.0022 |
| 0.75 | 0.0201 | -0.0233 | 0.7465 | -0.0015 |
| 0.8 | 0.0125 | -0.0212 | 0.7977 | -0.0043 |
| 0.85 | 0.0064 | -0.018 | 0.8487 | -0.0058 |
| 0.9 | 0.0019 | -0.0135 | 0.8995 | -0.0058 |
| 0.95 | $-3.0667 \cdot 10^{-4}$ | -0.0075 | 0.9499 | -0.0039 |
| 1 | 0 | 0 | 1 | 0 |

**Airfoil # 14**

**Parameters:**    $r = 0.01$    $\omega = 0.06$    $xg = 0.43$    $yg = 0.02$    $\beta = 0.1$

$x := 0, 0.001 .. 1$    $c := 0, 0.05 .. 1$

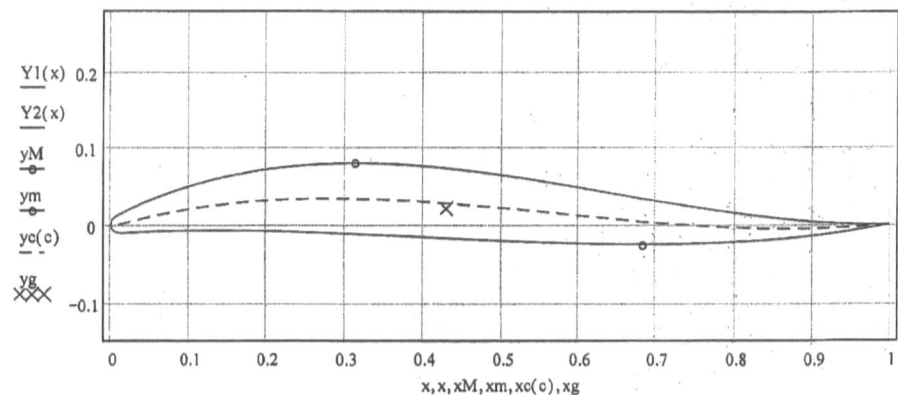

$x, x, xM, xm, xc(c), xg$

**Coordinates of Points**    $x := 0, 0.05 .. 1$

| | Airfoil | | Camber line | |
|---|---|---|---|---|
| x | Yupper(x) | Ylower(x) | xc(c) | yc(c) |
| 0 | 0 | 0 | 0.01 | 0 |
| 0.05 | 0.0313 | -0.0091 | 0.058 | 0.012 |
| 0.1 | 0.0493 | -0.0079 | 0.1086 | 0.0214 |
| 0.15 | 0.0623 | -0.0076 | 0.1575 | 0.0277 |
| 0.2 | 0.0712 | -0.0083 | 0.2055 | 0.0316 |
| 0.25 | 0.0765 | -0.0096 | 0.2531 | 0.0335 |
| 0.3 | 0.0787 | -0.0115 | 0.3007 | 0.0336 |
| 0.35 | 0.0781 | -0.0137 | 0.3484 | 0.0323 |
| 0.4 | 0.0752 | -0.0161 | 0.3964 | 0.0297 |
| 0.45 | 0.0704 | -0.0186 | 0.445 | 0.0262 |
| 0.5 | 0.064 | -0.0209 | 0.494 | 0.0219 |
| 0.55 | 0.0564 | -0.023 | 0.5437 | 0.0171 |
| 0.6 | 0.048 | -0.0245 | 0.5938 | 0.0121 |
| 0.65 | 0.0392 | -0.0255 | 0.6443 | 0.0072 |
| 0.7 | 0.0304 | -0.0256 | 0.6952 | 0.0026 |
| 0.75 | 0.022 | -0.0248 | 0.7463 | -0.0013 |
| 0.8 | 0.0145 | -0.0228 | 0.7974 | -0.0041 |
| 0.85 | 0.0081 | -0.0195 | 0.8484 | -0.0057 |
| 0.9 | 0.0033 | -0.0147 | 0.8993 | -0.0057 |
| 0.95 | $4.8294 \cdot 10^{-4}$ | -0.0083 | 0.9499 | -0.0039 |
| 1 | 0 | 0 | 1 | 0 |

**Airfoil # 15**

**Parameters:**      $r = 0.01$     $\omega = 0.06$     $xg = 0.44$     $yg = 0.02$     $\beta = 0.1$

$x := 0, 0.001 .. 1$     $c := 0, 0.05 .. 1$

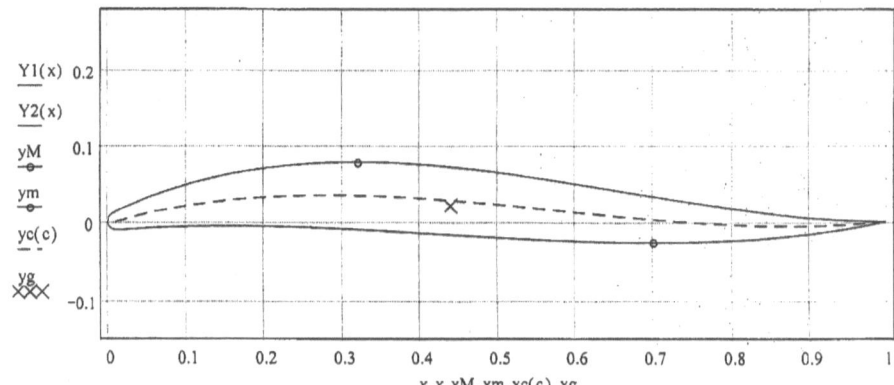

**Coordinates of Points**      $x := 0, 0.05 .. 1$

| | Airfoil | | Camber line | |
|---|---|---|---|---|
| x | Yupper(x) | Ylower(x) | xc(c) | yc(c) |
| 0 | 0 | 0 | 0.01 | 0 |
| 0.05 | 0.0307 | -0.0083 | 0.0575 | 0.0122 |
| 0.1 | 0.0483 | -0.0063 | 0.108 | 0.0217 |
| 0.15 | 0.0612 | -0.0055 | 0.1571 | 0.0282 |
| 0.2 | 0.0701 | -0.0059 | 0.2053 | 0.0322 |
| 0.25 | 0.0755 | -0.0072 | 0.2532 | 0.0342 |
| 0.3 | 0.0779 | -0.0092 | 0.3009 | 0.0344 |
| 0.35 | 0.0776 | -0.0117 | 0.3487 | 0.0331 |
| 0.4 | 0.0751 | -0.0145 | 0.3968 | 0.0305 |
| 0.45 | 0.0707 | -0.0174 | 0.4454 | 0.0269 |
| 0.5 | 0.0646 | -0.0202 | 0.4944 | 0.0226 |
| 0.55 | 0.0574 | -0.0228 | 0.5439 | 0.0177 |
| 0.6 | 0.0494 | -0.0249 | 0.5939 | 0.0126 |
| 0.65 | 0.0409 | -0.0262 | 0.6443 | 0.0076 |
| 0.7 | 0.0323 | -0.0268 | 0.695 | 0.003 |
| 0.75 | 0.024 | -0.0262 | 0.746 | $-9.7294 \cdot 10^{-4}$ |
| 0.8 | 0.0164 | -0.0243 | 0.7971 | -0.0039 |
| 0.85 | 0.0098 | -0.021 | 0.8482 | -0.0056 |
| 0.9 | 0.0047 | -0.016 | 0.8991 | -0.0057 |
| 0.95 | 0.0013 | -0.0091 | 0.9498 | -0.0039 |
| 1 | 0 | 0 | 1 | 0 |

4. Вариация профиля в зависимости от изменения
   ординаты $y_g$ и угла $\beta$.

Таблица 5

| Профили | $r$ | $\omega$ | $x_g$ | $y_g$ | $\beta$ |
|---|---|---|---|---|---|
| 1 | 0.01 | 0.06 | 0.42 | 0.01 | -0.1 |
| 2 |  |  |  | 0.02 |  |
| 3 |  |  |  | 0.03 |  |
| 4 | 0.01 | 0.06 | 0.42 | 0.01 | 0 |
| 5 |  |  |  | 0.02 |  |
| 6 |  |  |  | 0.03 |  |
| 7 | 0.01 | 0.06 | 0.42 | 0.01 | 0.1 |
| 8 |  |  |  | 0.02 |  |
| 9 |  |  |  | 0.03 |  |

Расчеты выполнены по программе G.

## Airfoil # 1

**Parameters:**      $r = 0.01$    $\omega = 0.06$    $xg = 0.42$    $yg = 0.01$    $\beta = -0.1$

$$x := 0, 0.001 .. 1 \qquad c := 0, 0.05 .. 1$$

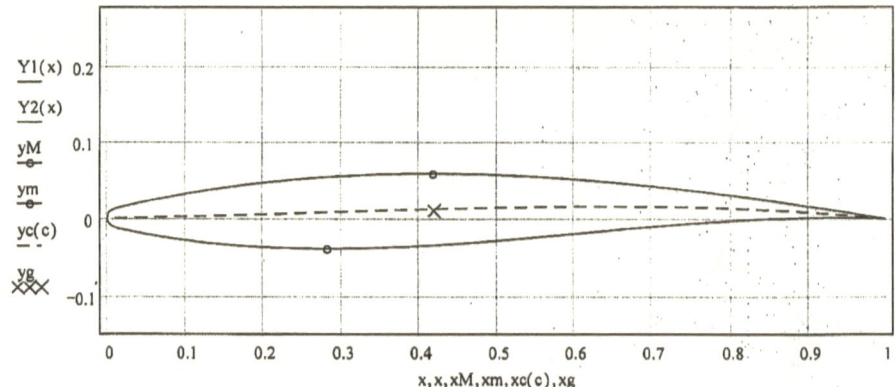

$$x, x, xM, xm, xc(c), xg$$

**Coordinates of Points**      $x := 0, 0.05 .. 1$

| | Airfoil | | Camber line | |
|---|---|---|---|---|
| x | Yupper(x) | Ylower(x) | xc(c) | yc(c) |
| 0 | 0 | 0 | 0.01 | 0 |
| 0.05 | 0.0216 | -0.0202 | 0.0545 | $7.3789 \cdot 10^{-4}$ |
| 0.1 | 0.0315 | -0.0278 | 0.1053 | 0.0019 |
| 0.15 | 0.0396 | -0.0332 | 0.1553 | 0.0032 |
| 0.2 | 0.0461 | -0.0367 | 0.2048 | 0.0048 |
| 0.25 | 0.0511 | -0.0384 | 0.2538 | 0.0064 |
| 0.3 | 0.0547 | -0.0387 | 0.3027 | 0.0081 |
| 0.35 | 0.057 | -0.0376 | 0.3515 | 0.0098 |
| 0.4 | 0.058 | -0.0354 | 0.4004 | 0.0113 |
| 0.45 | 0.0578 | -0.0323 | 0.4493 | 0.0128 |
| 0.5 | 0.0566 | -0.0286 | 0.4985 | 0.014 |
| 0.55 | 0.0543 | -0.0243 | 0.5478 | 0.015 |
| 0.6 | 0.051 | -0.0199 | 0.5974 | 0.0156 |
| 0.65 | 0.0469 | -0.0153 | 0.6472 | 0.0158 |
| 0.7 | 0.042 | -0.011 | 0.6972 | 0.0155 |
| 0.75 | 0.0364 | -0.007 | 0.7474 | 0.0147 |
| 0.8 | 0.0301 | -0.0036 | 0.7978 | 0.0133 |
| 0.85 | 0.0233 | $-9.6326 \cdot 10^{-4}$ | 0.8483 | 0.0112 |
| 0.9 | 0.0159 | $6.399 \cdot 10^{-4}$ | 0.8988 | 0.0083 |
| 0.95 | 0.0081 | 0.001 | 0.9494 | 0.0046 |
| 1 | 0 | 0 | 1 | 0 |

**Airfoil # 2**

**Parameters:**     r = 0.01     ω = 0.06     xg = 0.42     yg = 0.02     β = -0.1

x := 0, 0.001 .. 1     c := 0, 0.05 .. 1

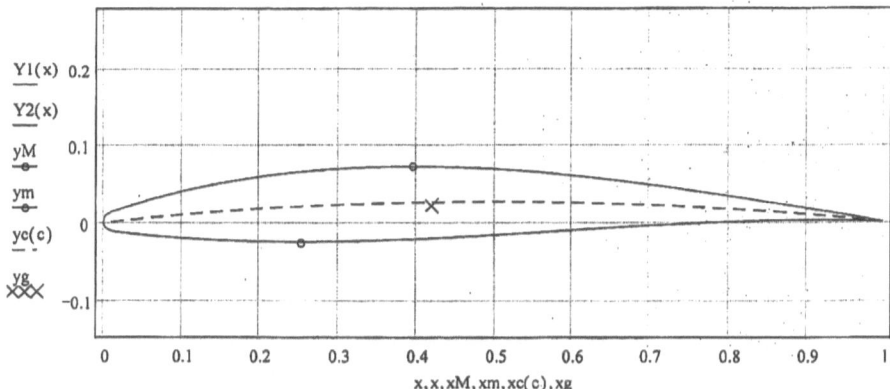

Y1(x)
Y2(x)
yM
ym
yc(c)
yg

x, x, xM, xm, xc(c), xg

**Coordinates of Points**     x := 0, 0.05 .. 1

| | Airfoil | | Camber line | |
|---|---|---|---|---|
| x | Yupper(x) | Ylower(x) | xc(c) | yc(c) |
| 0 | 0 | 0 | 0.01 | 0 |
| 0.05 | 0.0253 | -0.0161 | 0.0561 | 0.0048 |
| 0.1 | 0.0388 | -0.0204 | 0.1071 | 0.0094 |
| 0.15 | 0.0496 | -0.0233 | 0.1569 | 0.0134 |
| 0.2 | 0.058 | -0.0249 | 0.206 | 0.0167 |
| 0.25 | 0.0642 | -0.0255 | 0.2546 | 0.0195 |
| 0.3 | 0.0684 | -0.0251 | 0.303 | 0.0217 |
| 0.35 | 0.0708 | -0.024 | 0.3514 | 0.0235 |
| 0.4 | 0.0714 | -0.0221 | 0.3999 | 0.0247 |
| 0.45 | 0.0705 | -0.0197 | 0.4485 | 0.0254 |
| 0.5 | 0.0682 | -0.017 | 0.4975 | 0.0256 |
| 0.55 | 0.0647 | -0.014 | 0.5467 | 0.0253 |
| 0.6 | 0.06 | -0.0109 | 0.5963 | 0.0245 |
| 0.65 | 0.0544 | -0.0079 | 0.6462 | 0.0232 |
| 0.7 | 0.0479 | -0.0051 | 0.6964 | 0.0215 |
| 0.75 | 0.0407 | -0.0026 | 0.7468 | 0.0191 |
| 0.8 | 0.0331 | $-5.3917 \cdot 10^{-4}$ | 0.7974 | 0.0163 |
| 0.85 | 0.025 | $8.748 \cdot 10^{-4}$ | 0.848 | 0.013 |
| 0.9 | 0.0167 | 0.0015 | 0.8987 | 0.0092 |
| 0.95 | 0.0083 | 0.0013 | 0.9494 | 0.0048 |
| 1 | 0 | 0 | 1 | 0 |

**Airfoil # 3**

**Parameters:**      $r = 0.01$    $\omega = 0.06$    $xg = 0.42$    $yg = 0.03$    $\beta = -0.1$

$$x := 0, 0.001 .. 1 \qquad c := 0, 0.05 .. 1$$

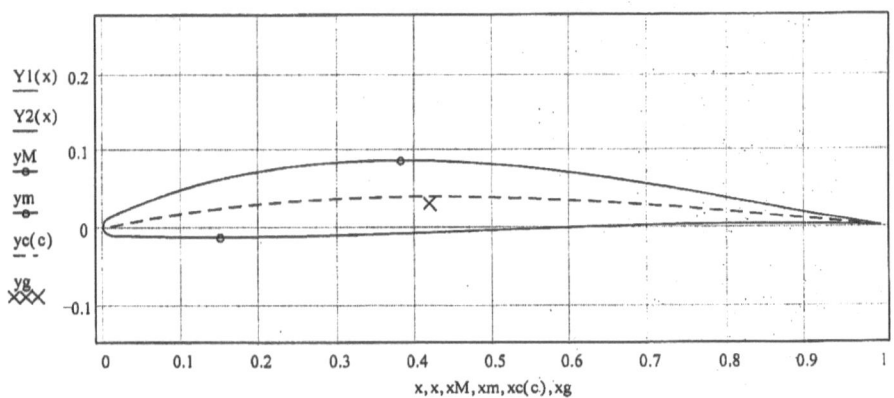

**Coordinates of Points**      $x := 0, 0.05 .. 1$

| | Airfoil | | Camber line | |
|---|---|---|---|---|
| x | Yupper(x) | Ylower(x) | xc(c) | yc(c) |
| 0 | 0 | 0 | 0.01 | 0 |
| 0.05 | 0.0292 | -0.0123 | 0.0577 | 0.0091 |
| 0.1 | 0.0463 | -0.0131 | 0.1088 | 0.0172 |
| 0.15 | 0.0597 | -0.0133 | 0.1585 | 0.0237 |
| 0.2 | 0.0699 | -0.0131 | 0.2072 | 0.0288 |
| 0.25 | 0.0773 | -0.0125 | 0.2554 | 0.0326 |
| 0.3 | 0.082 | -0.0114 | 0.3033 | 0.0354 |
| 0.35 | 0.0844 | -0.0102 | 0.3512 | 0.0372 |
| 0.4 | 0.0847 | -0.0087 | 0.3994 | 0.038 |
| 0.45 | 0.0831 | -0.007 | 0.4478 | 0.038 |
| 0.5 | 0.0798 | -0.0053 | 0.4965 | 0.0373 |
| 0.55 | 0.075 | -0.0036 | 0.5457 | 0.0358 |
| 0.6 | 0.0689 | -0.002 | 0.5953 | 0.0336 |
| 0.65 | 0.0618 | $-4.8567 \cdot 10^{-4}$ | 0.6453 | 0.0308 |
| 0.7 | 0.0538 | $7.9059 \cdot 10^{-4}$ | 0.6956 | 0.0274 |
| 0.75 | 0.0452 | 0.0018 | 0.7462 | 0.0236 |
| 0.8 | 0.0361 | 0.0024 | 0.7969 | 0.0194 |
| 0.85 | 0.0268 | 0.0026 | 0.8478 | 0.0148 |
| 0.9 | 0.0176 | 0.0023 | 0.8986 | 0.01 |
| 0.95 | 0.0085 | 0.0015 | 0.9494 | 0.0051 |
| 1 | 0 | 0 | 1 | 0. |

**Airfoil # 4**

**Parameters:**     $r = 0.01$     $\omega = 0.06$     $xg = 0.42$     $yg = 0.01$     $\beta = 0$

$x := 0, 0.001 .. 1$     $c := 0, 0.05 .. 1$

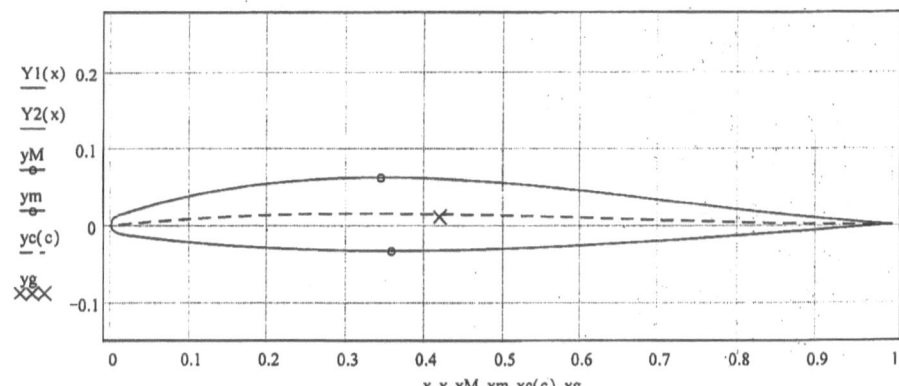

$Y1(x)$ $0.2$

$Y2(x)$

$yM$ $0.1$

$ym$

$yc(c)$ $0$

$yg$ $-0.1$

$x, x, xM, xm, xc(c), xg$

**Coordinates of Points**          $x := 0, 0.05 .. 1$

| | Airfoil | | Camber line | |
|---|---|---|---|---|
| x | Yupper(x) | Ylower(x) | xc(c) | yc(c) |
| 0 | 0 | 0 | 0.01 | 0 |
| 0.05 | 0.0246 | -0.0168 | 0.0557 | 0.004 |
| 0.1 | 0.0369 | -0.0222 | 0.1064 | 0.0075 |
| 0.15 | 0.0464 | -0.0264 | 0.1559 | 0.0101 |
| 0.2 | 0.0533 | -0.0296 | 0.2047 | 0.0119 |
| 0.25 | 0.0579 | -0.0318 | 0.2531 | 0.013 |
| 0.3 | 0.0604 | -0.0332 | 0.3015 | 0.0136 |
| 0.35 | 0.0611 | -0.0337 | 0.3498 | 0.0137 |
| 0.4 | 0.0601 | -0.0334 | 0.3984 | 0.0134 |
| 0.45 | 0.0578 | -0.0325 | 0.4473 | 0.0127 |
| 0.5 | 0.0543 | -0.031 | 0.4965 | 0.0116 |
| 0.55 | 0.0497 | -0.029 | 0.5461 | 0.0104 |
| 0.6 | 0.0444 | -0.0266 | 0.596 | 0.009 |
| 0.65 | 0.0386 | -0.0237 | 0.6462 | 0.0074 |
| 0.7 | 0.0323 | -0.0206 | 0.6967 | 0.0059 |
| 0.75 | 0.026 | -0.0173 | 0.7473 | 0.0044 |
| 0.8 | 0.0198 | -0.0138 | 0.7979 | 0.003 |
| 0.85 | 0.0138 | -0.0103 | 0.8486 | 0.0018 |
| 0.9 | 0.0084 | -0.0067 | 0.8992 | $8.3785 \cdot 10^{-4}$ |
| 0.95 | 0.0037 | -0.0033 | 0.9497 | $2.2093 \cdot 10^{-4}$ |
| 1 | 0 | 0 | 1 | 0 |

**Airfoil # 5**

**Parameters:**        $r = 0.01$      $\omega = 0.06$      $xg = 0.42$    $yg = 0.02$     $\beta = 0$

$x := 0,0.001 .. 1$    $c := 0,0.05 .. 1$

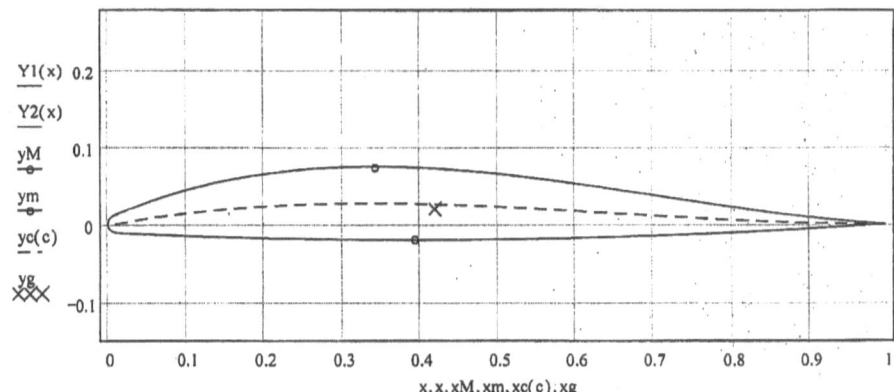

$x, x, xM, xm, xc(c), xg$

**Coordinates of Points**          $x := 0,0.05 .. 1$

| | Airfoil | | Camber line | |
|---|---|---|---|---|
| x | Yupper(x) | Ylower(x) | xc(c) | yc(c) |
| 0 | 0 | 0 | 0.01 | 0 |
| 0.05 | 0.0285 | -0.013 | 0.0573 | 0.0083 |
| 0.1 | 0.0444 | -0.0149 | 0.1081 | 0.0152 |
| 0.15 | 0.0565 | -0.0165 | 0.1575 | 0.0203 |
| 0.2 | 0.0652 | -0.0178 | 0.2059 | 0.0238 |
| 0.25 | 0.0709 | -0.0188 | 0.2539 | 0.0261 |
| 0.3 | 0.074 | -0.0195 | 0.3017 | 0.0273 |
| 0.35 | 0.0747 | -0.0199 | 0.3497 | 0.0274 |
| 0.4 | 0.0734 | -0.02 | 0.3979 | 0.0267 |
| 0.45 | 0.0704 | -0.0198 | 0.4465 | 0.0253 |
| 0.5 | 0.0658 | -0.0194 | 0.4956 | 0.0233 |
| 0.55 | 0.0601 | -0.0186 | 0.5451 | 0.0208 |
| 0.6 | 0.0534 | -0.0176 | 0.595 | 0.018 |
| 0.65 | 0.046 | -0.0163 | 0.6453 | 0.0149 |
| 0.7 | 0.0382 | -0.0148 | 0.6959 | 0.0118 |
| 0.75 | 0.0304 | -0.0129 | 0.7466 | 0.0088 |
| 0.8 | 0.0228 | -0.0109 | 0.7975 | 0.006 |
| 0.85 | 0.0156 | -0.0085 | 0.8484 | 0.0036 |
| 0.9 | 0.0093 | -0.0059 | 0.8991 | 0.0017 |
| 0.95 | 0.004 | -0.0031 | 0.9497 | $4.4084 \cdot 10^{-4}$ |
| 1 | 0 | 0 | 1 | 0 |

**Airfoil # 6**

Parameters:     r = 0.01     ω = 0.06     xg = 0.42     yg = 0.03     β = 0

x := 0, 0.001 .. 1     c := 0, 0.05 .. 1

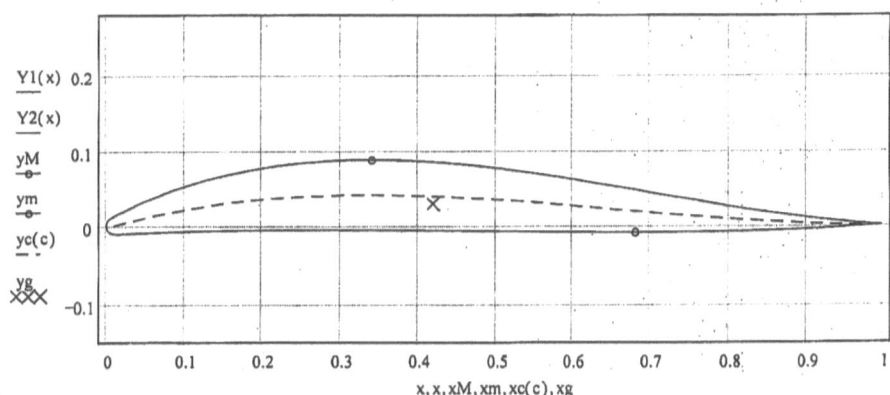

Y1(x)  0.2

Y2(x)

yM  0.1

ym

yc(c)  0

yg  −0.1

0     0.1     0.2     0.3     0.4     0.5     0.6     0.7     0.8     0.9     1

x, x, xM, xm, xc(c), xg

**Coordinates of Points**     x := 0, 0.05 .. 1

| | Airfoil | | Camber line | |
|---|---|---|---|---|
| x | Yupper(x) | Ylower(x) | xc(c) | yc(c) |
| 0 | 0 | 0 | 0.01 | 0 |
| 0.05 | 0.0327 | - 0.0092 | 0.0588 | 0.0128 |
| 0.1 | 0.0522 | - 0.0076 | 0.1098 | 0.0232 |
| 0.15 | 0.0667 | - 0.0065 | 0.1589 | 0.0307 |
| 0.2 | 0.0771 | - 0.0059 | 0.207 | 0.036 |
| 0.25 | 0.0839 | - 0.0056 | 0.2546 | 0.0393 |
| 0.3 | 0.0875 | - 0.0057 | 0.302 | 0.0409 |
| 0.35 | 0.0883 | - 0.006 | 0.3495 | 0.0412 |
| 0.4 | 0.0866 | - 0.0064 | 0.3974 | 0.0402 |
| 0.45 | 0.0829 | - 0.007 | 0.4458 | 0.0381 |
| 0.5 | 0.0773 | - 0.0076 | 0.4947 | 0.0351 |
| 0.55 | 0.0703 | - 0.0082 | 0.5441 | 0.0313 |
| 0.6 | 0.0622 | - 0.0086 | 0.594 | 0.0271 |
| 0.65 | 0.0534 | - 0.0089 | 0.6444 | 0.0225 |
| 0.7 | 0.0441 | - 0.0089 | 0.6951 | 0.0178 |
| 0.75 | 0.0348 | - 0.0086 | 0.746 | 0.0132 |
| 0.8 | 0.0258 | - 0.008 | 0.7971 | 0.009 |
| 0.85 | 0.0175 | - 0.0068 | 0.8481 | 0.0054 |
| 0.9 | 0.0102 | - 0.0052 | 0.899 | 0.0025 |
| 0.95 | 0.0042 | - 0.0029 | 0.9496 | $6.4323 \cdot 10^{-4}$ |
| 1 | 0 | 0 | 1 | 0 |

**Airfoil # 7**

**Parameters:**       $r = 0.01$     $\omega = 0.06$     $xg = 0.42$     $yg = 0.01$     $\beta = 0.1$

$$x := 0, 0.001 .. 1 \quad\quad c := 0, 0.05 .. 1$$

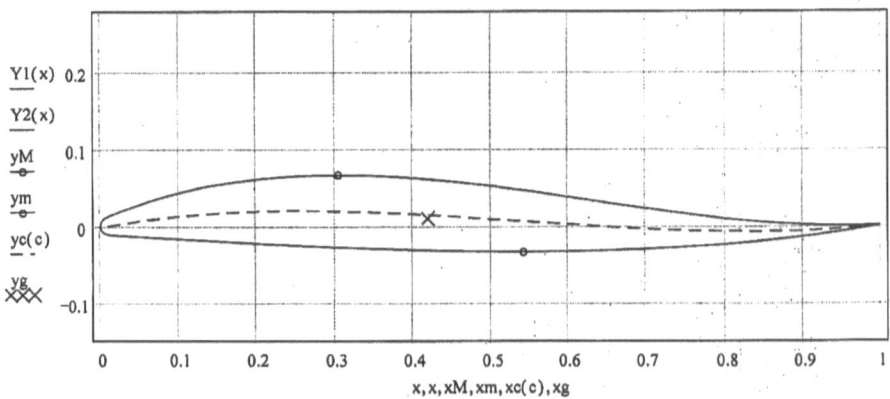

**Coordinates of Points**       $x := 0, 0.05 .. 1$

|  | Airfoil | |  | Camber line |
| :---: | :---: | :---: | :---: | :---: |
| x | Yupper(x) | Ylower(x) | xc(c) | yc(c) |
| 0 | 0 | 0 | 0.01 | 0 |
| 0.05 | 0.0278 | -0.0137 | 0.0569 | 0.0074 |
| 0.1 | 0.0426 | -0.0167 | 0.1074 | 0.0132 |
| 0.15 | 0.0533 | -0.0197 | 0.1564 | 0.0169 |
| 0.2 | 0.0604 | -0.0225 | 0.2046 | 0.019 |
| 0.25 | 0.0645 | -0.0252 | 0.2524 | 0.0197 |
| 0.3 | 0.066 | -0.0276 | 0.3002 | 0.0192 |
| 0.35 | 0.0651 | -0.0296 | 0.3482 | 0.0178 |
| 0.4 | 0.0622 | -0.0313 | 0.3965 | 0.0156 |
| 0.45 | 0.0577 | -0.0326 | 0.4453 | 0.0127 |
| 0.5 | 0.0519 | -0.0334 | 0.4946 | 0.0094 |
| 0.55 | 0.0451 | -0.0336 | 0.5444 | 0.0059 |
| 0.6 | 0.0377 | -0.0332 | 0.5947 | 0.0024 |
| 0.65 | 0.0301 | -0.0321 | 0.6453 | $-8.5569 \cdot 10^{-4}$ |
| 0.7 | 0.0227 | -0.0303 | 0.6961 | -0.0037 |
| 0.75 | 0.0157 | -0.0276 | 0.7471 | -0.0059 |
| 0.8 | 0.0095 | -0.0241 | 0.7981 | -0.0073 |
| 0.85 | 0.0045 | -0.0196 | 0.849 | -0.0076 |
| 0.9 | 0.001 | -0.0142 | 0.8996 | -0.0066 |
| 0.95 | $-5.9032 \cdot 10^{-4}$ | -0.0077 | 0.95 | -0.0041 |
| 1 | 0 | 0 | 1 | 0 |

**Airfoil # 8**

**Parameters:**         $r = 0.01$     $\omega = 0.06$     $xg = 0.42$     $yg = 0.02$     $\beta = 0.1$

$x := 0, 0.001 .. 1$     $c := 0, 0.05 .. 1$

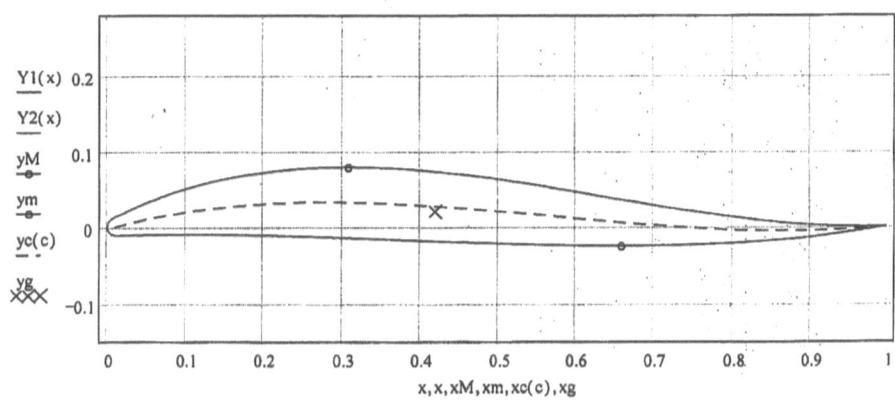

$\dfrac{Y1(x)}{} \quad 0.2$

$\dfrac{Y2(x)}{}$

$\underset{\bullet}{yM} \quad 0.1$

$\underset{\bullet}{ym}$

$\dfrac{yc(c)}{} \quad 0$

$\underset{XXX}{yg} \quad -0.1$

$x, x, xM, xm, xc(c), xg$

**Coordinates of Points**          $x := 0, 0.05 .. 1$

| | Airfoil | | Camber line | |
|---|---|---|---|---|
| x | Yupper(x) | Ylower(x) | xc(c) | yc(c) |
| 0 | 0 | 0 | 0.01 | 0 |
| 0.05 | 0.0319 | -0.0099 | 0.0585 | 0.0119 |
| 0.1 | 0.0503 | -0.0094 | 0.1091 | 0.0211 |
| 0.15 | 0.0635 | -0.0097 | 0.1579 | 0.0273 |
| 0.2 | 0.0724 | -0.0106 | 0.2057 | 0.031 |
| 0.25 | 0.0775 | -0.012 | 0.2531 | 0.0328 |
| 0.3 | 0.0795 | -0.0138 | 0.3004 | 0.0329 |
| 0.35 | 0.0786 | -0.0157 | 0.348 | 0.0315 |
| 0.4 | 0.0754 | -0.0178 | 0.396 | 0.029 |
| 0.45 | 0.0702 | -0.0198 | 0.4446 | 0.0255 |
| 0.5 | 0.0634 | -0.0216 | 0.4937 | 0.0212 |
| 0.55 | 0.0554 | -0.0231 | 0.5434 | 0.0165 |
| 0.6 | 0.0466 | -0.0242 | 0.5937 | 0.0115 |
| 0.65 | 0.0375 | -0.0247 | 0.6444 | 0.0067 |
| 0.7 | 0.0285 | -0.0244 | 0.6954 | 0.0022 |
| 0.75 | 0.0201 | -0.0233 | 0.7465 | -0.0015 |
| 0.8 | 0.0125 | -0.0212 | 0.7977 | -0.0043 |
| 0.85 | 0.0064 | -0.018 | 0.8487 | -0.0058 |
| 0.9 | 0.0019 | -0.0135 | 0.8995 | -0.0058 |
| 0.95 | $-3.0667 \cdot 10^{-4}$ | -0.0075 | 0.9499 | -0.0039 |
| 1 | 0 | 0 | 1 | 0 |

**Airfoil # 9**

**Parameters:**    r = 0.01    ω = 0.06    xg = 0.42    yg = 0.03    β = 0.1

x := 0, 0.001 .. 1    c := 0, 0.05 .. 1

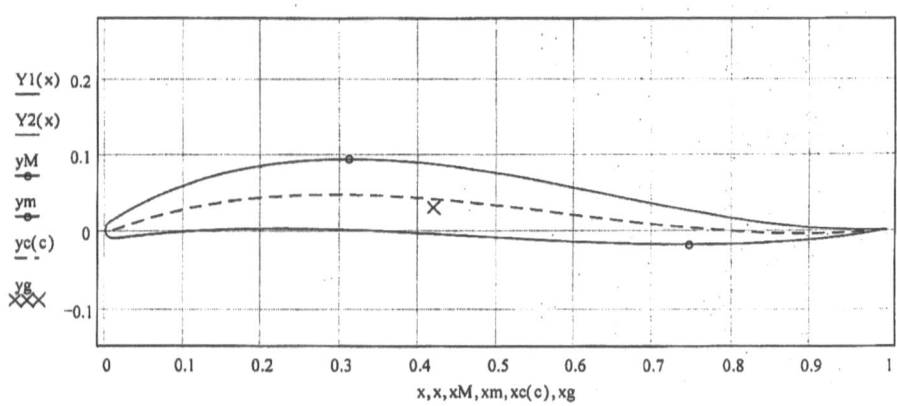

**Coordinates of Points**    x := 0, 0.05 .. 1

| | Airfoil | | Camber line | |
|---|---|---|---|---|
| x | Yupper(x) | Ylower(x) | xc(c) | yc(c) |
| 0 | 0 | 0 | 0.01 | 0 |
| 0.05 | 0.0364 | -0.0062 | 0.06 | 0.0168 |
| 0.1 | 0.0583 | -0.0021 | 0.1107 | 0.0294 |
| 0.15 | 0.0739 | $4.0703 \cdot 10^{-4}$ | 0.1593 | 0.0379 |
| 0.2 | 0.0844 | 0.0015 | 0.2068 | 0.0433 |
| 0.25 | 0.0906 | 0.0014 | 0.2537 | 0.046 |
| 0.3 | 0.093 | $2.659 \cdot 10^{-4}$ | 0.3006 | 0.0466 |
| 0.35 | 0.0921 | -0.0016 | 0.3479 | 0.0454 |
| 0.4 | 0.0885 | -0.0041 | 0.3955 | 0.0425 |
| 0.45 | 0.0826 | -0.0068 | 0.4439 | 0.0383 |
| 0.5 | 0.0748 | -0.0098 | 0.4928 | 0.0331 |
| 0.55 | 0.0656 | -0.0126 | 0.5425 | 0.0271 |
| 0.6 | 0.0555 | -0.0152 | 0.5927 | 0.0207 |
| 0.65 | 0.0449 | -0.0173 | 0.6435 | 0.0143 |
| 0.7 | 0.0344 | -0.0186 | 0.6946 | 0.0082 |
| 0.75 | 0.0245 | -0.0191 | 0.7459 | 0.0029 |
| 0.8 | 0.0156 | -0.0184 | 0.7972 | -0.0013 |
| 0.85 | 0.0083 | -0.0164 | 0.8484 | -0.004 |
| 0.9 | 0.0029 | -0.0128 | 0.8993 | -0.0049 |
| 0.95 | $2.1279 \cdot 10^{-5}$ | -0.0074 | 0.9499 | -0.0037 |
| 1 | 0 | 0 | 1 | 0 |

## Список литературы

1. Бронштейн И .Н., Семендяев К. А., Справочник по математике. Москва , " Наука", 1968.

2. Гурский Д. А., Вычисления в MathCAD, Минск , ООО. "Новое знание", 2003.

3. Завадовский Н.Ю. Теория и методы расчета гребных винтов сложной геометрии, Санкт-Петербург, ЦНИИ им. А.Н.Крылова, 2004.

4. Смирнов В.И. Курс высшей математики. Москва, "Наука", 1974.

5. Foux L.D., Pratt M.J., Computational geometry for design and manufacture. John Wiley & Sons, New York.

6. Ira H.Abbott, Albert E.von Doenhoff, Theory of wing sections. Dover publications Inc, New York.

7. Boris Dolomanov, Mathematical modeling of wing sections. Xlibris, USA, 2012.

8. Boris Dolomanov, Mathematical design of wing sections, in Russian language. Xlibris, USA, 2012.

www.ingramcontent.com/pod-product-compliance
Lightning Source LLC
Chambersburg PA
CBHW031055180526
45163CB00002BA/841